羊病防治实用新技术

（第3版）

徐泽君　晁先平　徐泽立　主编

河南科学技术出版社
·郑州·

图书在版编目（CIP）数据

羊病防治实用新技术/徐泽君，晁先平，徐泽立主编. —3 版. —郑州：河南科学技术出版社，2015.7
ISBN 978-7-5349-7832-6

Ⅰ. ①羊…　Ⅱ. ①徐…　②晁…　③徐…　Ⅲ. ①羊病-防治　Ⅳ. ①S858.26

中国版本图书馆 CIP 数据核字（2015）第 133156 号

出版发行：河南科学技术出版社
　　　　　地址：郑州市经五路 66 号　　邮编：450002
　　　　　电话：（0371）65737028
　　　　　网址：www.hnstp.cn
责任编辑：申卫娟
责任校对：柯　姣
封面设计：张　伟
责任印制：张　巍
印　　刷：郑州文华印务有限公司
经　　销：全国新华书店
幅面尺寸：140 mm×202 mm　　印张：7　　字数：175 千字
版　　次：2015 年 7 月第 3 版　　2015 年 7 月第 1 次印刷
定　　价：15.00 元

如发现印、装质量问题，影响阅读，请与出版社联系。

《羊病防治实用新技术》（第3版）编委名单

主　编　徐泽君　河南畜牧规划设计研究院
晁先平　河南畜牧规划设计研究院
徐泽立　新安县山森牧业有限公司

副主编　姜建昌　河南坤元农牧科技有限公司
谢联昌　安吉县荣昌竹木制品厂
浦敏初　苏州金仓湖农业科技股份有限公司
吴　洁　河南安阳金戊牧业有限公司
王姜飞　郑州市畜牧局
李志强　新安县山森牧业有限公司
房大学　济源市动物卫生监督所
刘春旺　延津县畜牧局
孟凡波　延津县畜牧局
雷好亮　延津县畜牧局
靳春花　郑州市惠济区永康动物保护贸易部

审　校　张建新　开封市畜牧局

前　言

《羊病防治实用新技术》一书，承蒙广大读者的关爱与支持，出版几年来已重印多次，深受广大读者喜爱。随着市场经济的发展和科学技术的进步及确保畜产品质量安全的要求，我们感到书中的一些观点、技术措施、使用药品种类已不能适应发展现代绿色养羊业的需要，为使该书能够与时俱进，决定对本书进行修订。

当前，我国的养羊业逐渐走向规模化发展轨道，养羊已成为农村经济发展中的重要产业。从业人员掌握羊病防治技术是保证羊只健康生长、规模养羊取得成功，并取得良好经济效益的必备条件。本书修订的目的主要是进一步提高饲养人员的羊病防治技术水平。

本书重点突出了“防重于治，防治结合”的防治原则。尽量采用高效、廉价、实用的防治方法及药品，以最小的防治成本，取得最大的经济效益。

由于编者水平有限，书中若有不当之处，敬请广大读者批评指正，深表感谢。

编者

2015 年 4 月

目 录

第一章
羊病的预防

羊病的防治，必须认真贯彻“防重于治，防治结合”的方针，才能使羊只少发病或不发病，保证羊只健康地生长发育。特别是随着集约化畜牧业的发展，贯彻“预防为主”的方针显得尤为重要。

预防为主，必须做到：科学地选择场址和建设羊场，严格执行检疫制度，科学饲养管理，搞好环境卫生和定期消毒，有计划地免疫接种，定期或不定期驱虫，发生传染病时采取相应的扑灭措施。

一、科学地选择场址和建设羊场

科学地选择场址是避免羊群患病的基础，场址应具备如下条件：

（1）在非疫区建场，如在口蹄疫、布氏杆菌病等传染病的疫区建场，羊群易感染相应的疾病。

（2）羊场应远离交通主干道 500 米以上，避免交通工具从其他地区带入病原。

（3）羊场应建在地势高燥、土质松软的地方；低湿、泥泞的土地，细菌、真菌及寄生虫虫卵存活时间长，羊群易感染疾病。

（4）水源要充足、水质要优良，水源要清洁无污染，最好为软水，防止发生结石症。

（5）舍内地面最好选择漏缝地板式，运动场采用砖铺地面，既利于彻底清扫，又易于渗漏雨水，从而保持干燥的环境，减少疾病的发生。

二、严格执行检疫制度

检疫就是应用各种诊断方法，对羊及其产品进行疫病检查，并采取相应的措施防止疫病的传播和发生。这是一项重要的防疫措施，检疫对于生产者来说可分为引种时的检疫和平时生产性检疫。

许多疾病一旦引入，再想从羊场清除非常困难，因此应尽量从本地引种。异地引种易患口炎、结膜炎等疾病。必须从外地引种时，应了解产地羊群传染病的流行情况，不要到疫区购买羊只。在引种时对羊痘、小反刍兽疫、布氏杆菌病、结核病、蓝舌病等疾病要做认真检疫，开具产地检疫证。运输工具要彻底消毒，开具运输工具消毒证明。引入后应重新检疫，淘汰、扑杀不合格的羊只，对假定健康羊进行防疫、驱虫、隔离观察，确认健康无病方可混群饲养或销售。

平时生产性检疫就是根据当地羊传染病流行情况和传染病的特点，确定检疫时间及检疫内容。一般应把当地流行的传染病及一些没有示症性临床症状、危害较大的传染病作为检疫内容，定期检疫，把检出的病羊淘汰或扑杀。如布氏杆菌病、结核病、蓝舌病等。

三、科学饲养管理

加强羊只的饲养管理，增强羊只的抵抗力，是预防羊只患病

的基础。羊采食广泛，耐粗饲，各种野草、杂草、树叶、农作物的籽实、秸秆、茎叶、农作物副产品等都能被其采食利用。无论饲喂哪种饲料，都要保证质地优良、无毒、无霉变、无农药污染，并要注意饲草饲料的合理搭配。不能长期饲喂某种单一饲料，以防引起某种营养物质缺乏症。对舍饲的羊只，要定时定量喂给草料，不能饥一顿饱一顿，更换草料要逐渐进行，这样可以防止前胃疾病的发生。对放牧的羊群，在春季嫩草萌发时，要防止羊群过食嫩草，特别是过食嫩苜蓿，否则极易引起急性瘤胃臌气；在霜冻季节，要防止采食带有霜冻的草料，以免羊只发生胃肠疾病。

在饲养中要根据羊的品种、性别以及不同的饲养阶段，合理搭配精、粗饲料。羊的主要营养来源是从乳汁到精料，再到饲草为主的动态过程，因此在饲养转换时应逐渐过渡。过渡太快，羊只消化不良，易患胃肠疾病；过渡太慢，影响营养的摄入，影响羊只的正常发育。

在哺乳期，若奶水不足需要补乳时，应尽量选择同一品种羊的奶水，避免因乳汁成分差异引起消化异常。例如羔羊饮用牛奶易引起腹泻。

精料中除了能量的含量外，对蛋白质、常量元素、微量元素、维生素也要倍加重视，这些营养物质尽管有些用量极少，但缺乏可引起多种疾病，甚至死亡。采食颗粒料的羊只生长发育明显优于采食粉料的羊只。成年羊对食盐的需求非常迫切，除精料中加入适量的食盐外，应采用盐碗、盐砖长期供应，充分保证羊的食盐需要。

采用先进的加工技术，对粗饲料可进行青贮、氨化、微贮等处理，提高饲料品质，改善适口性，保持羊只良好的消化功能。

随时保证羊能饮到清洁卫生的水，是使羊只健康、活泼、发育良好、发挥良好生产潜能的最根本的保证。饮水不足或水质太差易引起多种疾病。

对羊群的管理，一定要细心周到。要把种公羊、母羊、怀孕母羊、带羔母羊、断奶羔羊、育成羊分圈饲养，编好耳号，建立档案。有条件的可采用计算机管理，记录配种时间，各种疫苗的防疫时间，驱虫时间，疫苗、药物的名称及使用方法等项目，以便随时了解整个群体的配种、怀孕、产羔及防疫、驱虫情况，及时合理地安排各项工作。有放牧条件的地方，要加强放牧，以增加活动量。在放牧过程中要防蛇、防狼、防毒草、防惊吓。根据季节变化，安排放牧管理日程，并根据采食情况给予补饲。搞好月称重和生长发育的测量记录，以掌握羊只的生长及健康状况。对舍饲的羊群，要有一定的运动场地，适当运动；要随时掌握每只羊的采食及饮水情况；要防止羊只互相抵架和舔食被毛，以防造成外伤及毛球阻塞胃肠。对绵羊的羔羊要在3~5日龄及时断尾，公羊在1~2月龄进行去势。对山羊的公羔，如不作种用要在10~20日龄进行去势、去角基，以防互相爬跨、野交乱配，还能提高公羔的生长发育速度及羊肉的品质。

四、搞好环境卫生和定期消毒

（一）搞好环境卫生

羊喜欢干燥卫生的环境，最怕潮湿的牧地和圈舍。潮湿的环境易使羊发生寄生虫病、腐蹄病或其他疾病。要使羊生活得健康、活泼，圈舍最好采用漏缝地板式，若用一般地面必须每天及时清除粪尿，垫上干土或其他干燥松软的垫料。尤其在阴雨潮湿的天气，更要随时清除粪尿，打扫圈舍，搞好通风换气，使圈舍始终保持一个干燥、空气新鲜、温度适宜的环境条件。在潮湿和不卫生的环境中，羊表现为不安、鸣叫，有时食欲下降，易患呼吸道疾病及腐蹄病。羊喜欢吃干净的饲草，饮清洁的水，宁愿忍饥受渴也不愿吃脏草饮脏水。所以，饲料槽、草架、草筐等用具

要经常清洗，保持干净，用后及时清扫余下的饲草、饲料，并将其翻转，以防羊只跳到上面拉粪、尿或卧在上面将其弄脏。饮水槽或饮水盆要每天清洗，还要定期用0.1%的高锰酸钾溶液进行消毒，使其经常保持清洁卫生，经常保持有清洁新鲜的饮水，以便羊随时饮用。

（二）科学处理羊粪

规模饲养畜禽中，羊粪的收集、粪尿分离最为方便。散养农户羊群规模较小，可通过每日清扫一次、每周冲洗消毒一次收集粪便，之后集中堆沤处理。冬、春寒冷季节为了加快产热，可在粪堆底部垫3~5厘米厚的剩草、树叶、稻秸或麦秸，并在粪堆中掺入适量羊尿、人尿。夏、秋多雨季节，应注意定期检查，以防雨水过多时四处流淌。

规模较大羊场在设计羊舍时应注意围舍的长度和地面坡降，并应采用雨污分离、粪尿分离的排水系统，以保证粪尿的收集和雨水的收集利用。推荐的羊舍长度为40米以内。地面处理以中部高、两端低，坡降1%为佳。漏粪板下的粪槽自中间向两端降低，坡度同样为1%。羊圈两端的山墙外设双联沉淀池，通过沉淀避免滚入尿槽的粪便进入尿液收集池。羊粪在地面经硬化、防渗漏处理、四周有低矮围墙的贮粪场集中堆放处理。可参照小型农户羊场底部加垫草的办法，也可向堆粪喷撒菌液，以保证发酵产热，灭杀寄生虫卵和病原微生物。

不论是小型农户羊场，还是大型的规模饲养羊场，粪尿在处理后均应就近返田利用。

（三）病死羊无害化处理

病死羊携带大量的病原体，需经无害化处理。否则，不仅会造成严重的环境污染，还可能引起羊的重大疫情，危害养羊业生产，甚至引发重大公共卫生安全事件。病死羊无害化处理工作是重大动物疫病防控的关键环节，对促进养羊业，乃至整个畜牧业可持续发展，确保“国家中长期动物疫病防控规划”的有效落实，保障畜产品质量安全意义重大。重视并切实做好病羊的无害化处理工作，防止其对公共卫生和环境造成新的危害，确保食品安全，已经成为新闻媒体和整个社会关注的热点，必须认真做好。

病死羊无害化处理应按照《病死及死因不明动物处置办法》和《病害动物和病害动物产品生物安全处理规程》（GB 16548—2006）两个规范操作。现阶段，在病死羊无害化处理中，应用较为广泛、技术较为成熟的方法主要包括深埋法、焚烧法、堆肥法、化尸池处理法、化制法、生物降解法等。结合病死羊的特点，易于应用的方法为深埋法、焚烧法、化制法和生物降解法（化尸池处理法）。

1. 深埋法：此方法是最为简单易行的办法，存在的问题是操作不规范，应用中应加以纠正。

埋藏地点应远离居民区、水源、泄洪区、草原及交通要道，避开岩石地区，应处在主导风向的下方，不能影响农业生产，有效避开公共视野。掩埋坑大小视机械、场地和所掩埋羊尸体的多少，参照以下标准执行。

深度：2~7 米。

宽度：≤3 米。

长度：以掩埋病死羊尸体多少而定。

其他要求：掩埋坑底需高出地下水位 1 米以上。容积预测：成年羊尸体 5 只/米^3。

掩埋过程中注意：掩埋坑底铺撒漂白粉或生石灰（0.5~2.0 千克/米^2）。尸体在掩埋前先喷洒 10%漂白粉消毒液，作用 2 小时后方可掩埋。也可在掩埋前进行焚烧处理。受污染的绳索、垫草、包装袋、少量的饲料和奶等废弃物可一并掩埋。堆放整齐的尸体表面覆盖 40 厘米厚壤土，之后再均匀撒放熟石灰或干漂白

粉 20~40 克/米^2，掩埋，平整场地。掩埋坑上覆土层≥1.5 米。

尸体掩埋场应有标志，以便于保护。

掩埋后前 7 天每天一次专人检查，第 2~13 周每周一次专人检查，发现塌陷、渗透应及时处置。

需要强调的是病死羊尸体收集、运送过程中的规范操作。如掩埋地点的选择、尸体装袋密封、车辆消毒、车厢的防渗漏处理、装卸工的消毒和安全教育等环节，亟待规范，强化监督。

2. 焚烧法：此法多用于对人和动物构成威胁的烈性传染病致死羊尸体的处理。特点是处理彻底，除焚烧过程中的异常气味外，很少“二次污染”。常用的方法有柴堆火化、焚尸炉和焚烧窑等。

适于焚烧法处理的羊尸体包括：口蹄疫、炭疽、痒病、绵羊梅迪／维斯纳病、蓝舌病、小反刍兽疫、绵羊痘和山羊痘、狂犬病、羊快疫、肠毒血症、肉毒梭菌中毒症、羊猝疽、布氏杆菌病、结核病 14 种传染病尸体，病死、毒死或死因不明的羊尸体，以及摘除病变部位的组织器官。

不论是堆柴火化，还是使用焚尸炉、焚烧窑，均应注意燃烧后烟尘的高空排放，以免因异常气味的排放影响附近居民。同时注意羊尸体收集时运送和装卸中的规范操作，严防不规范操作带来“二次污染”。

3. 化制法：化制是利用干化、湿化机对病死羊尸体在高温、高压、灭菌处理的基础上，再进一步做油水分离、烘干、废液污水等处理的过程。这是尸体无害化处理中比较经济实惠的处理方法，不需要土地掩埋，也不用柴油、焚尸炉，不会增加焦糊异味和 CO_2 排放量。处理后的动物尸体又可制成肥料、肉骨粉、工业油、胶、皮革等，可最大限度地实现羊尸体的资源化利用，变废为宝。

烈性动物传染病和人畜共患病的病羊尸体不适于化制。化制法适用对象为：

（1）一般传染病、轻度寄生虫病或病理损伤的羊尸。

（2）病变严重、肌肉发生退行性变化羊的整尸及内脏。

（3）注水或注入其他有害物质的羊胴体。

（4）农药、化学药品残留和重金属超标的肉，修整的废弃物、变质肉和污染严重的肉等。

化制设备的安全性要求较高，化制厂多由国家或地区中心城市建设。此外，对化制的技术要求比较高，如对病种、病原的确定（失误时会因化制造成“二次污染”），所以，化制应在专门的化制厂内完成，羊场所负责的是及时报告动物防疫机构，由其指定专职人员收集、运送、化制处理病死羊，而不是自作主张就地化制。

4. 生物降解法：是利用生物链中生物之间相互依存的特性，处理羊尸体的办法。包括肉食动物、猛禽、水生的肉食鱼类对羊尸体的利用，也包括微生物的分解利用（主要适用于天然牧场广阔的新疆、西藏、内蒙古等地）。在规模化养羊技术快速发展、土地资源日趋紧缺、环境保护受到全社会高度重视的今天，生物降解已经成为一项在专门的降解反应器中利用微生物发酵降解的新技术。

生物降解的主要工艺是在高温化制杀菌的基础上，采用辅料吸附油脂，将吸附后的辅料连同粉碎尸体投入专门的降解池（罐）中，利用微生物产热杀灭有害病原微生物，进而实现减量的目的。该技术不产生废水和烟气，无异味，不需高压锅炉，杜绝了安全隐患，同时具有节能、运行成本低、操作简单的特点，可有效缩小尸体所占空间，减少随意抛弃现象。

生物降解的无害化处理池多采用砖混结构，内表面不抹石灰，地面以上外表面粉刷平整，标准有效供给 30 米^3/池。圆筒状的内径 2.5 米，深 4 米，亦可根据当地地形条件调整。一般要

求出地面高度1~1.5米，钢筋水泥浇筑的池顶中间设3米高的PVC通气管，地面部分设直径0.8米的带门锁的投料口。投放时使用的消毒剂包括羊只体重5%~8%的生石灰，或体重1%的漂白粉，或体重0.5%的氯制剂，或体重8%的氧化剂稀释液，或体重1%的季铵盐稀释液。

投放高度距投放口下沿0.5米时达到满载，应立即密封。4~5个月后腐败分解完成，即可从出料口卸料、清池，清池废水可作无害化肥料使用。

建议每个羊场依据羊群体大小，设1~2个化尸池，以满足无害化处理的需求。

（四）圈舍定期消毒

羊的圈舍要定期消毒，可将热草木灰、生石灰粉撒在圈舍内，也可用以下药品消毒圈舍和用具。

1. 0.5%过氧乙酸溶液：用于喷洒地面、墙壁、食槽等。

2. 1%~2%的氢氧化钠溶液：用于被细菌、病毒污染的圈舍、地面和用具的消毒。本品有腐蚀性，消毒圈舍时应驱出羊只，隔半天后用净水冲洗饲槽、地面后方可让羊进圈。

3. 优氯净（有机氯消毒剂）：0.5%~1%的水溶液，用于圈舍、排泄物和水的消毒。2.5%~10%的水溶液，用于杀死芽孢。

4. 益康（二氧化氯消毒剂）：1:(400~800）稀释喷洒圈舍、地面等。

夏季还要喷洒消灭蚊蝇的药液，如氯氰菊酯、敌敌畏、灭蚊灵、灭蝇灵等，以消灭蚊蝇。但要注意安全，以防误伤羊群。

五、有计划地进行免疫接种和药物预防

免疫接种是激发动物机体产生特异性抵抗力，使易感动物转化为不易感的一种手段，是预防和控制羊传染病的重要措施。根

据免疫接种进行的时机不同，可分为预防接种和紧急接种两类。药物预防是为了预防某些疫病，在羊饲料或饮水中加入某种药物进行群体药物预防，在一定时间内可以使受威胁的易感动物不受疫病的危害，这也是预防和控制羊传染病的有效措施之一。

（一）预防接种

在经常发生某些传染病的地区，或有某些传染病潜在的地区，或经常受到邻近地区某些传染病威胁的地区，为了防患于未然，在平时有计划地给健康羊群进行免疫接种称为预防接种。

预防接种应当有的放矢，应当对各地传染病的发生和流行情况进行调查了解，弄清过去曾发生过哪些传染病，在什么季节流行，针对所掌握的情况，拟订每年的预防接种计划。

如果某一地区从未发生过某种传染病，也没有从别处传来的可能性，就没有必要进行该传染病的预防接种。

预防接种前，应对被接种的羊群进行详细的检查和了解，特别注意其健康状况、年龄、怀孕、泌乳情况，以及饲养管理条件的好坏情况。成年的、体质健壮、饲养管理条件较好的羊群接种后会产生较强的免疫力。反之，年幼的、体质弱的、有慢性病的或饲养管理条件不好的羊，接种后的抵抗力就差些，也可能引起较明显的接种反应。怀孕母羊，特别是临产前的母羊，在接种时由于驱赶、捕捉等影响或由于疫苗所引起的反应，有时会发生流产或早产，或可能影响胎儿发育。所以，对那些幼年的、体质弱的或患慢性病的和怀孕的母羊，如果不是已经受到传染病的威胁时，最好暂时不要接种。

疫（菌）苗在使用前，要逐瓶检查。发现盛药的玻瓶瓶颈破损、瓶塞松动、没有瓶签或瓶签不清、过期失效、色泽和性状不符或者没有按规定方法保存的，都不能使用。接种时，注射器械和针头事先要严格消毒，吸取疫苗的针头要固定，做到一只一针，以免通过针头传播疾病。

免疫接种须按合理的免疫程序进行。一个地区、一个牧场可能发生的传染病不止一种，而可以用来预防这些传染病的疫（菌）苗性质又不尽相同，免疫期长短不一。因此，往往需要多种疫（菌）苗来预防不同的病，也需要根据各种疫（菌）苗的免疫特性来合理地制订预防接种次数和间隔时间，这就是所谓的免疫程序。全国没有一个统一的免疫程序，各地（场）可根据本地区（场）的不同情况，制订合乎本地区（场）具体情况的免疫程序。一般应注射羊三联四防苗和口蹄疫疫苗。

（二）紧急接种

紧急接种是在发生传染病时，为了迅速控制和扑灭疫病的流行，而对疫区和受威胁区尚未发病羊群进行的紧急接种。

从理论上讲，紧急接种以使用免疫血清较为安全有效。但血清用量大、价格高、免疫期短，且在大批羊群接种时往往供不应求，因此在实践中很少应用。多年来的实践证明，在疫区内使用某些疫（菌）苗进行紧急接种是可行的。

在疫区内用疫苗做紧急接种时，必须对所有受到传染病威胁的羊群逐只进行详细观察和检查，仅能对正常无病的羊只进行紧急接种，对病羊不能进行紧急接种。

紧急接种在疫区及周围的受威胁区进行，受威胁区的大小视疫病的性质而定。

（三）药物预防

有些疫病已有有效的疫（菌）苗，还有一些疫病没有有效的疫（菌）苗，因此用药物预防疫病也是预防疫病的一种重要措施，某些疫病在具有一定条件时采用此种方法可以收到显著的效果。例如用药防治羊疥癣。

长期使用化学药物预防容易产生耐药性菌株，影响防治效果，因此需要经常进行药物敏感试验，选择有高度敏感性的药物用于防治。

六、定期或不定期驱虫

（一）定期驱虫

一般宜在春季舍饲转放牧前及秋冬放牧转舍饲后，用一种广谱驱虫药或几种驱虫药各进行一次彻底驱虫，将用药后1周内的粪便清理干净，集中在一起，加入适量废草及适量水发酵，进行无害化处理。在绵羊剪毛后7~10天或在6、7月，进行2次全群药浴，2次间隔8~10天。

（二）不定期驱虫

每月应对全群羊的荷虫情况进行抽查。发现超标时及时分群或全群驱虫。关于羊群集体驱虫方法可参照治疗体内寄生虫的方法进行，下面只介绍羊的药浴方法。

1. 常用药物：

（1）螨净（25%二嗪哝溶液）。初配按1:1 000稀释，补充液按1:300稀释。

（2）石硫合剂。其配方是生石灰7.5千克、硫黄粉12.5千克，用水拌成糊状。加水150千克，煮沸，边煮边搅拌，煮至浓茶色时为止。然后弃去下面的沉渣，上边清液是母液，再在母液中加入500千克水即成。

2. 药浴的方法：分池浴、淋浴和缸浴三种。池浴是让羊慢慢地走过浴池，走到出口处将羊的头部压入液内1~2次，防止头部发生疥癣。淋浴是利用喷头和喷雾器将药液喷淋羊群。缸浴是1~2人将羊摁在缸里进行药浴。

3. 注意事项：

（1）在药浴前8小时停止喂料，在入浴前2~3小时给羊饮足水，以免羊进入浴池后吞饮药液。

（2）先让健康羊药浴，有疥癣的羊最后药浴。

（3）凡妊娠两个月以上的母羊不能进行药浴。

（4）药浴应选择在暖和无风的天气进行，药浴液温度应保持在30℃左右。

（5）工作人员应穿胶鞋，戴好口罩和橡皮手套，以防中毒。

七、发生传染病时应果断采取扑灭措施

（一）一旦发现疫情，应及时诊断和上报，并通知邻近单位做好预防工作

1. 当羊突然死亡或疑似传染病时，应将病羊与健康羊进行隔离，派专人管理。对病羊停留过的地方和污染的环境、用具进行消毒；病羊尸体保留完整，不经检查清楚不得随便急宰。病羊的皮、肉、内脏未经检验不许食用，应立即向上级报告当地发生的疫情，特别是可疑为羊痘、小反刍兽疫、口蹄疫、炭疽、狂犬病等重要传染病时，一定要迅速向县级以上防疫部门报告，并通知邻近单位及有关部门注意预防工作。

2. 及时诊断。

（1）流行病学诊断。流行病学诊断是在疫情调查的基础上进行的，可在临床诊断过程中进行，一般应弄清下列有关内容：

①本次流行情况：最初发病的时间、地点，随后蔓延的情况；疫区内发病畜的种类、数量、年龄、性别；查明其感染率、发病率和死亡率。

②查清疫情来源：本地以前是否发生过类似疫情？附近地区有无此病？这次发病前是否从其他地方引进过畜禽、畜产品或饲料？输入地有无类似疫情存在。

③查清传播途径和传播方式：查清本地羊只饲养、放牧情况，羊群流动、收购、调拨及防疫卫生情况，交通检疫、市场检疫和屠宰检疫的情况，当地的地理地形、河流、交通、气候、植

被和野生动物、节肢动物的分布和流动情况，它们与疫病的发生和传播有无关系。

④该地区群众生产、生活情况和特点，群众对疫情有何看法和经验。

通过上述调查给流行病学提供依据，并拟订防制措施。

（2）临床诊断。用感官或借助一些最简单的器械如体温计、听诊器等直接对病羊进行检查，有时也包括血、粪、尿的常规检验。对于某些有临床特征的典型病例一般不难做出诊断。但对于发病初期尚未有临床特征或非典型病例和无症状的隐性病羊，临床诊断只能提出可疑病的大致范围，须借助其他诊断方法才能确诊。应注意对整个发病羊群所表现的症状加以分析诊断，不要单凭少数病例的症状下结论，以防误诊。

（3）病理学诊断。传染病羊的尸体，多有一定的病理变化，应进行病理解剖诊断，解剖时应先观察尸体外表，观察其营养情况、皮毛、可视黏膜及天然孔的情况。再按解剖顺序对皮下组织、各种淋巴结、胸腔腹腔各器官、头部和脑、脊髓的病理变化，进行详细观察和记录，找出主要特征性变化，做出初步的分析和诊断。如需做病理切片检查的应留下病料送检。

（4）微生物学诊断。微生物学诊断一般是在实验室进行的，它包括病料采集、涂片镜检、分离培养和鉴定、动物接种试验几个环节，这里不作详细介绍，只简单介绍一下如何采集病料。病料力求新鲜，最好在濒死时或死亡后数小时内采取，要求减少细菌污染，用具器皿应严格消毒。通常可根据怀疑病的类型和特性来决定采取哪些器官和组织的病料，如口蹄疫取水疱皮和水疱液，羊痘取痘痂，结核病取结核病灶，狂犬病取病羊的脑，炭疽取耳尖的血等。对于难以分析判断的病例，应全面取材，如血、肝、脾、肺、肾、脑和淋巴结等，同时要注意病料的正确保存。

（二）紧急接种

为了迅速控制和扑灭疫病的流行，对疫区和受威胁区尚未发病的羊要进行应急性免疫接种。由于一些外表上正常无病的羊中可能混有一部分潜伏期病羊，这部分病羊在接种疫苗后不能获得保护，反而会促使它更快发病，因此在紧急接种后一段时间内羊群中发病数反而有增加的可能。但由于这些急性传染病的潜伏期较短，而疫苗接种后又很快产生抵抗力，因此发病数不久即可下降，使流行很快停息。

（三）隔离和封锁

1. 隔离：根据诊断结果，可将全部受检羊分为病羊、可疑病羊和假定健康羊三类，以便分别对待。

（1）病羊：包括典型症状或类似症状和其他特殊检查阳性的羊，都应进行隔离。隔离场所禁止闲杂人、畜出入和接近。工作人员出入应遵守消毒制度，隔离区内的工具、饲料、粪便等，未经彻底消毒处理，不得运出。没有治疗价值的病羊，应根据国家有关规定进行严格处理。

（2）可疑病羊：未发现任何症状，但与病羊及其污染的环境有过明显的接触，如同群、同槽、同牧，使用共同的水源、用具等。应将其隔离看管，限制活动，仔细观察，出现症状按病羊处理。经过一定时间不发病者，可取消限制。

（3）假定健康羊：应与上述两类羊严格隔离饲养，加强消毒和相应的保护措施，立即进行紧急接种，必要时可根据情况分散喂养或转移至偏僻牧地。

2. 封锁：当暴发某些重要传染病时，除严格隔离病羊外，还应采取划区封锁的措施，以防疫病向安全区扩散和健康羊误入疫区而被传染。根据《中华人民共和国动物防疫法》和《家畜家禽防疫条例》规定，确诊为小反刍兽疫、口蹄疫、炭疽、气肿疽、羊痘等传染病时，应立即报请当地县级以上人民政府，划定疫区范围进行封锁。执行封锁时应掌握“早、快、严、小”的原则，按照检疫制度要求，对病羊分情况进行治疗、急宰和扑杀等处理，对被污染的环境和物品进行严格消毒，死羊尸体应深埋或无害化处理；做好杀虫、灭鼠工作。在最后一只病羊痊愈、急宰和扑杀后，经过一定的时期（根据该病的潜伏期而定），再无疫情发生时，经过全面的终末消毒后，可解除封锁。

（四）传染病羊的治疗和淘汰

对患传染病羊的治疗，一方面是为了挽救病羊，减少损失；另一方面也是为了消除传染源，是综合防治措施中的一个组成部分。对无法治疗或无治疗价值，或对周围的人、畜有严重威胁时，可以淘汰宰杀。尤其是发生一种过去没有发生过的危害性较大的新病时，应在严密消毒的情况下将病羊淘汰处理。对有治疗价值的病羊要紧急治疗，但必须在严格隔离或封锁的条件下进行，务必使治疗的病羊不致成为散播病原体的传染源。具体治疗法参照后面传染病的治疗方法进行。

八、经常认真观察羊群

羊在发病前常出现一定的亚临床症状，此时若能及时发现，及时治疗或预防，疾病容易治愈并可防止大群发病，从而把损失降到最低限度。如天亮前观察羊只的睡觉情况，可及时发现起卧不安、流鼻涕、咳嗽、呻吟等症状的羊。睡觉前及天亮前观察羊只，及时发现晚上腹泻的病羊，及时治疗，可防止出现脱水衰竭，提高治愈率。

第二章
羊病的诊断及给药方法

一、临床诊断（检查）的基本方法

为了发现和收集作为诊断根据的症状资料，需用各种特定的方法，对病羊进行客观的观察与检查。以诊断为目的，应用于临床实际的各种检查方法，称为临床检查法。

从临床诊断的角度，通过问诊调查了解和应用检查者的眼、耳、手、鼻等感觉器官，对病羊进行直接的检查，仍是当前最基本的临床检查方法。

基本的临床检查法主要包括：问诊、视诊、触诊、叩诊、嗅诊和听诊。因为这些方法简单、方便、易行，在任何场所均可采用，并且多可直接地、较为准确地判断病理变化，所以一直被沿用为临床诊断的基本方法。

（一）问诊

问诊就是以询问的方式，听取畜主或饲养人员关于病羊发病情况和经过的介绍，问诊的主要内容包括：现病历、既往病史、平时的饲养管理及利用情况。

1. 现病历：即关于现在发病的情况与经过。其中应重点了解以下内容。

（1）羊群的发病范围及季节。发病的范围，是散发还是群发，邻舍及附近场、户是否也有发生；发病是否有季节性。可以初步区分病的性质是传染病、寄生虫病，还是污染草料中毒或内科病。

（2）发病羊是否具有某些特点。包括发病羊的品种特点、性别特点、生理结构特点、年龄特点或体质特点等。如绵羊肺腺瘤病在 3 岁以上绵羊才会表现出症状，肥胖羔羊易发生代谢中毒。

（3）病程及预后。自然发病的时间，是自愈还是死亡，死亡的情形，是兴奋死亡还是衰竭死亡。病症发展快慢及严重程度。

（4）主诉人所估计到的致病原因。如羊多吃了精料、吃了霉草、吃了有毒草料，曾在烈日下暴晒，曾经受伤等。

2. 既往病史：即过去病羊、羊群病史。其中的主要内容是：病羊与羊群过去患病的情况，是否发生过类似疾病？其经过与结局如何？是否疫区？是否防疫等。这些资料在对现病与过去疾病的关系以及对传染性疾病和非传染性疾病的分析上都有很重要的实际意义。

3. 了解饲养管理情况：即对病羊及羊群的平时饲养管理、生产性能的了解。不仅可从中查找出饲养管理的失宜与发病的关系，而且在判定合理的防治措施上，也是十分必要的，因此更应详细地询问。

（1）饲料日粮的种类、数量与质量，饲喂制度与方法。饲料品质不良与日粮配合不当，经常是营养不良、消化紊乱、代谢失调的根本原因；而饲料与饲养制度的突然改变，又常是引起前胃疾病、便秘或下痢的原因；饲料发霉、放置不当而混入毒物，加工或调制方法的失误而形成有毒物质等，可成为饲料中毒的条件。放牧的羊群则应问及牧地与牧草的组成情况。

（2）羊舍的卫生和环境条件。如光照、通风、保暖与降温，垫草及运动场等。牧场的地理情况（位置、地形、水源、气候条件等），附近场矿的三废（废水、废气及污物）的处理等也应

注意。环境条件的卫生学评定，在推断病因上应该特别重视。

（3）病羊的使用情况及生产性能，管理人员及其管理制度。对动物的过度使用（配种次数过多），粗暴抽打，只挤奶不加精料，运动不适，饲养人员的不熟练与管理制度的紊乱等也可能是致病的原因。

可见问诊的内容是十分广泛的，应根据病羊的具体情况适当地加以增减。而问诊的顺序，应依实际情况灵活掌握，可先问诊后检查，也可先检查后问诊，也可边检查边询问。而特别重要的是问诊的态度要诚恳和亲切，以得到畜主的密切配合，取得充分而可靠的资料。

对问诊得到的材料，应客观地评价，既不应绝对地肯定又不能简单地否定，而应将问诊的材料和临床检查的结果加以联系，进行全面的综合分析，从而找出诊断线索。

（二）视诊

视诊就是用肉眼直接观察病羊的整体概况，或其某些部位的状态，经常可收集到很重要的症状资料。视诊是接触病羊进行客观检查的第一个步骤，主要内容包括：

1. 观察其整体状态：如体格的大小，发育的程度，营养状况，体质的强弱，躯体的结构，胸腹及肢体的匀称性等。

2. 观察其精神及整体、姿势与运动行为：如精神的沉郁或兴奋，静止时的姿势改变或运动中步态的变化，有否腹痛不安、运动强拘（如破伤风、有机磷中毒、风湿病等）或强迫性运动等。

3. 观察其体表皮肤被毛的病变：如被毛状态，皮肤及黏膜的颜色及特性，体表的创伤、溃疡、疱疹、肿物等外科病变的位置、大小、形状及质地特点。

4. 检查某些与外界直通的体腔：如口腔、鼻腔、咽喉、阴道、肛门等。注意其黏膜的颜色改变及完整性的破坏，并确定其分泌物、渗出物的数量、性质及其混有物。

5. 注意其某些生理活动异常：如呼吸动作有无异常，是否喘息、咳嗽。采食、咀嚼、吞咽、反刍等消化活动情况及有无呕吐、腹泻，排粪、排尿的状态及粪便、尿液的数量、性质与混有物。

视诊又是深入羊舍，巡视羊群时的重要内容，是在羊群中早期发现病羊的重要方法。

视诊的一般程序是先检查羊群，判断其总的营养、发育状态，并发现患病的个体；而对个体病羊则先观察其整体状态，继则注意其各个部位的变化。为此，一般应先距病羊一定距离（1.5 米左右），以观察其全貌，然后由前到后，由左到右地边走边看，围绕病羊行走 1 周，以做细致的检查；先观察其静止姿态的变化，再行牵遛，以发现其运动过程及步态的改变。

通过临床视诊观察，根据所发现的症状变化，一般就可为进一步的诊查提供深入的线索，甚至在个别情况下可直接对疾病做出初步的诊断（如破伤风等）。当然，视诊观察力的敏锐性及判断的准确性，必须在经常不断的临诊实践中加以锻炼与提高。

（三）触诊

触诊是利用触觉及实体觉的一种检查法。通常用检查者的手（手指、手掌或手背，有时可用拳）去实施。

1. 触诊的适用范围：

（1）检查体表状态。如判断皮肤表面的温度、湿度，皮肤与皮下组织的质地、弹性及硬度，体表淋巴结及局部病变的位置、大小、形态及其温度、硬度、可动性及疼痛反应等。

如要测出准确体温，可用兽用体温计，方法是将体温计的水银柱甩至 35℃以下，然后将水银一端涂上润滑剂，再插入肛门 5~7厘米，停 5 分钟后再取出看体温的高低。

（2）检查某些器官、组织，感知其病理变化。如在心区检

查心脏搏动，以判定其强度、频率及节率。触诊对检查瘤胃积食、臌气、瓣胃阻塞等都很重要。对羊怀孕后期的检查也是切实可行的方法。

(3) 腹部触诊可判定腹壁的紧张度及敏感性，还可通过软腹壁进行深部触诊。从而感知腹腔状态（如腹水），胃肠的内容物及性状，肾脏与膀胱的病变以及母畜的子宫与妊娠状况。

2. 触诊的具体方法：触诊依检查的目的与对象而不同。

(1) 检查体表的温、湿度，应以手背为主进行，注意躯干与末梢的对比及左右两侧、健区与病区的对照检查。

(2) 检查局部与肿物的硬度和性状，应以手指进行加压或揉捏，根据感觉及压后的现象去判断。如手指加压后留有明显的压痕，这是皮下水肿的特征。如感觉有明显的波动感，多提示其内蓄积有液体（如脓肿、血肿、淋巴外渗等时），如肿胀柔软、有弹性或触压其边缘处有捻发音，有气体向周围组织窜动，则为皮下气肿的特征；如肿物位于腹侧或腹下、脐部或阴囊部，且其内容物不定，或为固体、液体或气体，经按压可还纳，提示疝的可疑。

(3) 内脏器官的深部触诊，须依被检查的器官部位不同而选用适宜的方法。按压触诊适用于检查胸、腹壁的敏感性及腹腔器官与内容物性状。冲击触诊适用于羊右侧肋弓区，可感知瓣胃或真胃的内容物性状。切入触诊，以一个或几个并拢的手指，沿一定部位进行深入的切入或压入，以感知内部器官的性状，适用于检查肝、肾、脾的边缘及性状。

在触诊时，不能只是单纯地用手去摸，而必须同时手、脑并用，做到边触诊边思索。

(四) 叩诊

叩诊是对病羊体表的某一部位进行叩击，借以引起振动并发生音响，根据产生音响的特性，去判断被检查的器官、组织的病理状态的一种方法。

在羊病诊断上多采用直接叩诊法，即用一个或数个并拢且呈曲屈的手指，向病羊体表的一定部位轻轻叩击。如羊瘤胃臌气时，通过叩击可判断出臌气的程度。在肺区叩击，如反应敏感则应怀疑肺炎或胸膜肺炎。在心区叩诊，如反应敏感，则应怀疑心肌炎或创伤性网胃心包炎。

（五）听诊

听诊是利用听觉去辨识音响的一种检查方法。音响是指在生理或病理过程中所自然发生的响声。

听诊的应用范围很广，从祖国医学的闻诊内容来看，听取病畜的呻吟、喘息、咳嗽、喷嚏、嗳气、咀嚼的声音及高朗的肠鸣音等均属听诊的范围。

1. 现代听诊的主要内容有：

（1）对心脏的听诊：即心音，判定心音的频率、强度、性质、节律以及有否附加的心杂音；有无心包的摩擦音及击水音也是应注意检查的内容。

（2）对呼吸系统听取呼吸音：如气管以及肺泡呼吸音，判定呼吸次数、强度、节律；辨别附加的杂音（如啰音）与胸膜的病理性声音（如摩擦音、振荡音）。

（3）对消化系统听取胃肠的蠕动音：判定其频率、强度及性质，以及腹腔的振荡音（当有腹水或瘤胃及真胃积食时）。

2. 听诊的方法：可分为直接听诊法和间接听诊法，在羊病诊断上多采用间接听诊法，即用听诊器听诊病羊。

3. 听诊的注意事项：

（1）一般应选择在安静的地方进行。

（2）依检查的目的，检查者应取适当的姿势。

（3）听诊器的接耳端，要适宜地插入检查者的外耳道（不松也不过紧），接体端（听头）要紧密地放在病羊的体表检查部位。

（4）被毛的摩擦是最常见的干扰听诊效果的因素，要尽可

能地避免。必要时可将听诊部位的被毛弄湿。

（5）注意防止一切可能发生的杂音，如听诊器胶管与手臂、衣服等的摩擦音。

（6）检查者要将注意力集中在听取的声音上，同时要注意观察动物的动作，如听呼吸音时要注意呼吸动作。

（六）嗅诊

嗅诊主要应用于嗅闻病羊的呼出气体、口腔的臭味及病羊所分泌和排泄的带有特殊臭味的分泌物、排泄物（粪尿）以及其他病理产物。

如呼出气体及鼻液有特殊腐败臭味是提示呼吸道及肺脏有坏疽性病变的重要线索；尿液及呼出气息有酮味，可提示对羊酮尿症的怀疑；阴道分泌物的化脓，腐败臭味，可见于子宫蓄脓或胎衣滞留及阴道、尿道炎等。

山羊和绵羊的正常生理指标见表1。

表1 羊的正常生理指标

畜别	体温（℃）	呼吸（次/分）	心跳（次/分）	反刍（次/1个食团）	胃蠕动（次/2分）	妊娠期（天）
山羊	38. 0~40. 0	15~30	70~80	40~60	4~6	150±2
绵羊	38. 0~40. 5	12~25	70~80	40~60	3~6	150±2

二、症状诊断及采取的措施

当羊只发生疾病后，到一定程度就会表现出某些临床症状。临床症状可分为一般症状、典型症状、示病症状。一般症状就是大多数疾病都可以出现的症状；典型症状就是少数几种疾病才出现的症状；而示病症状则是只要这种症状出现就可以确诊为某种疾病。表2简要说明了临床症状诊断及应采取的措施。

表 2　临床症状诊断及应采取的措施

临床症状	首先考虑的疾病	治疗措施
体温升高	一般炎性疾病，传染性疾病，感冒，中暑等	解热消炎，对症治疗
体温降低	危症后期及中毒等	强心，解毒
高热稽留或波浪热	大叶性肺炎，胸膜肺炎，小叶性肺炎	解热消炎
心跳过速	热性病，剧痛性疾病	解热止痛，对症治疗
心跳迟缓	重症后期，中毒，脑水肿等	强心，对症治疗
呼吸频数	肺部疾患，中暑，某些中毒	消炎，降温，解毒，镇静
呼吸困难	喉部及肺部疾患	消炎及对症治疗
精神不振	感冒，消化不良及多种传染病	对症治疗
昏迷	危症后期，中毒，中暑	对症治疗
结膜苍白	贫血，营养不良，寄生虫，结核，肝或脾破裂，大出血等	对症治疗
结膜黄染	肝、胆疾病，消化不良，寄生虫病	清肝利胆，驱虫消炎
结膜潮红	热性传染病，心脏病，肠炎等	解热消炎，对症治疗
结膜发绀	心脏病，肺水肿，剧重胃肠炎，剧重腹痛，中毒	对症治疗
黏膜溃疡	口炎，传染性口膜炎，口蹄疫，羊痘等	对症治疗
鼻流清涕	感冒，鼻炎，气管及肺炎的初期	解热消炎，对症治疗
鼻液过量	鼻炎，颌窦炎，鼻蝇蛆，小反刍兽疫，胸膜肺炎等	对症治疗
鼻液黏稠	呼吸系统急性炎症	解热消炎
脓性鼻液	颌窦炎，肺脓肿破溃期	消炎，对症治疗
鼻液铁锈	大叶性肺炎，传染性胸膜肺炎	按肺炎的治疗方法进行
咳嗽	呼吸道及肺部炎症，肺丝虫，咽炎，感冒，肺结核等	对症治疗

续表

临床症状	首先考虑的疾病	治疗措施
腹部增大	瘤胃积食、臌气，前胃迟缓，真胃阻塞，食道阻塞，腹水等	消食排气，健胃，对症治疗
腹部缩小	营养不良，食欲紊乱，胃肠道寄生虫，饲喂不足，贫血，结核	对症治疗
反刍无力	前胃迟缓，瘤胃积食、臌气，创伤性网胃炎，瓣胃及真胃阻塞	健胃、理气，对症治疗
不反刍	重剧的瘤胃臌气，食道阻塞，前胃严重积食，中毒及某些传染病	健胃、理气，对症治疗
呕吐	过食，胃炎，肠炎，脑炎，胃溃疡	对症治疗
口吐白沫	口炎，中毒，中暑	对症治疗
眼睑水肿	肾炎，心脏病，心包炎，创伤性网胃炎，蚊蝇叮咬	对症治疗
颌下水肿	贫血，寄生虫病	对症治疗
腹水	腹膜炎，膀胱破裂，胃肠破裂	消炎排水，对症治疗
脱水	严重腹泻，结症后期，高热症	补液降温，对症治疗
腹泻	消化不良，胃肠炎，肠道寄生虫，草料中毒	止泻补液，对症治疗
下痢	胃肠炎，痢疾	抗菌消炎，止痢
排粪失禁	顽固性腹泻，荐部脊髓损伤	止泻，对症治疗
便秘	热性病，胃肠迟缓，慢性胃肠炎	通便，兴奋胃肠，对症治疗
血尿	尿道出血，膀胱出血，肾出血，尿道结石，肾结石	止血，对症治疗
尿闭	尿道阻塞，膀胱破裂，急性肾炎	对症治疗
尿频	膀胱炎	对症治疗
皮肤水疱及脓疱结痂	羊痘	对症治疗

续表

临床症状	首先考虑的疾病	治疗措施
皮肤湿疹	皮炎，代谢紊乱	对症治疗
被毛脱落奇痒	疥癣，皮肤寄生虫，营养不良	对症治疗
乳房红肿	乳房炎	降温消炎
四肢强直木马状	破伤风	对症治疗
跛行	蹄部疾患，口蹄疫，骨折，关节损伤	对症治疗
吞咽困难	咽炎，咽部异物，食道麻痹或阻塞	对症治疗

三、治疗给药方法

在防治羊病的过程中，给药方法有多种，应根据病情、药物的性质、羊只的大小，选择适当的给药方法。常用的有以下几种。

（一）口服法

水剂口服法是将少量的水剂药物或将粉剂和粉碎的片剂、丸剂加适量的水，制成混悬液，装入橡皮瓶或长颈玻璃瓶或一般的长颈酒瓶中，抬高羊的嘴巴，给药者右手拿药瓶，左手用食指、中指从羊右口角伸入口中，轻轻压迫舌头，羊口即张开。然后，右手将药瓶口从左侧口角伸入羊口中，并将左手抽出，待瓶口伸到舌头中段，即抬高瓶底将药送入，对于易打呛的药可一口一口地灌，咽下后再灌。羊如咩叫或打呛时，应暂停灌服，到羊安静时再灌服。对于羔羊，可用10毫升注射器（不要针头）吸水剂药物直接注入口咽部，使羊吞咽内服。

粉剂给药法是将粉剂拌料或用一塑料管装药直接撒在羊的舌面上，让羊吞服。

（二）注射法

注射法是指将灭过菌的液体药物用注射器注入羊的体内。注

射前要将注射器和针头用洁净水洗净，煮沸 15 分钟。注射器吸入药液后要直立，推进注射器活塞，排除管内气泡后，用酒精棉球包住针头，准备注射。常用的注射法有以下几种：

1. 皮内注射法：皮内注射多用于羊痘预防接种。部位一般在尾巴内面或股内侧。方法是：如在尾下，以左手向上拉紧尾部，使注射部位皮肤绷紧，右手用注射器（1 毫升的针管，5~6 号针头），在确实的保定下，将针头刺入真皮内，然后把药液注入，使局部形成豌豆大的水疱样隆起，拔出针头即可。

2. 皮下注射法：皮下注射是把药液用注射器注射到羊的皮肤和肌肉之间，部位是在颈部或股内侧皮肤松弛处。注射时，先把注射部位的毛剪净，涂上碘酒，用左手拇指、中指捏起注射部位的皮肤，食指在前端压一小凹，右手持注射器用针头沿左手食指前缘刺进皮肤下面，如针头能左右自由活动，回抽无血，即可注入药液。注完拔出针头，在注射点上涂擦碘酒。如药液较多可分点注射。凡易于溶解的药物、无刺激性的药物及疫苗等，均可进行皮下注射。

3. 肌内注射法：肌内注射是将灭菌的药液注入肌肉比较多的部位。羊的注射部位一般是在颈部。注射方法基本上与皮下注射相同，不同之处是：注射时以左手拇指、食指成“八”字形压住所要注射部位的肌肉，右手持注射器针头，向肌肉组织内垂直刺入，对于瘦羊，应斜向刺入，防止伤到骨骼，回抽无血，即可注药。一般刺激性小，吸收缓慢的药液，如青霉素、链霉素等均可采用肌内注射。

4. 静脉注射法：静脉注射是将已经灭菌的药液直接注射到静脉内，使药液随血液很快分布到全身，迅速发生药效。羊的注射部位是颈静脉的上 1/3 与中 1/3 的交界处。注入方法是先把注射部位剪毛消毒后，用左手按压静脉靠近心脏的一端，使其努张，右手持注射器，将针头向上刺入静脉内，如有血液回流，则

表示已插入静脉内，然后用右手推动活塞，将药液注入。药液注射完毕后，左手按住刺入孔，右手拔针，按压一会儿，在注射处涂擦碘酒即可。如药液量大，也可使用静脉输入器，刺入方法同静脉注射，凡输液（如生理盐水、葡萄糖溶液等）以及药物刺激性较大，不宜皮下或肌内注射的药物（如九一四、氯化钙等）多采用静脉注射。输液时速度不要过快，天冷药液温度低时应加温。

（三）灌服给药法

1. 胃内注药法：是对于一些易引起打呛的药物，如醋、中药冲剂等药物的灌服。胃管前端应涂少量液体，胃管可从鼻孔插入或外套一约15厘米长的钢管从口中插入，插时若羊反抗剧烈、咳嗽，应拔出重插，插入后，用拇指和食指捏压气管后部，应能捏到胶管的存在，必要时可配合拉送胶管确定胶管是否已插入食道。在确定胶管已插入食道前不可把胶管放入液体内，否则易导致异物性肺炎。此法适用于羊瘤胃臌气时放气。

2. 灌肠注药法：是向直肠内注入药液，常在直肠炎、大肠炎、便秘时使用此法。方法是让羊站立保定，在橡皮管前端涂上凡士林，插入直肠内，把橡皮管的盛药部分提高到超过羊的背部，使药液注入肠腔内。药液注完后，拔出橡皮管，用手压住肛门，以防药液流出。注液量一般为100~200毫升。也可采用人工授精保定法注入药液，即由助手将羊头夹在两腿中间，提举羊的两后肢，使其头部朝下，然后进行直肠注药，数分钟后再放下后肢，任其自由排出灌肠液体。

（四）瘤胃穿刺注药法

瘤胃穿刺注药常用于瘤胃臌气放气后，为防止胃内容物继续发酵产气，可注入止酵剂及有关药液。有些药液（如四氯化碳、驱虫剂）刺激性强，经口入消化道反应强烈，可采用瘤胃穿刺注药。方法是：如果瘤胃臌气，穿刺部位是在左肷窝中央臌气最高

的部位，局部剪毛，用碘酒涂擦消毒，将皮肤稍向上移，然后将套管针或普通针头垂直地或朝右侧肘头方向刺入皮肤及瘤胃内，气体即从针头排出。如臌胀严重，应间断放气，气放完后再注入相应的药物。如为泡沫性臌气应先注入适量的消沫剂才能放出气体，然后，用左手指压紧皮肤，右手迅速拔出针头，穿刺孔用碘酒涂擦消毒。如注射驱虫剂或其他药物，穿刺部位是在左肷部髋结节与最后肋骨所引水平线的中间，距腰椎横突5~10厘米处。

（五）腹腔穿刺注药法

腹腔的容积较大，很多药液可以通过腹膜的吸收作用达到治疗的目的，一般用于补充体液与营养物质及腹腔透析，以治疗内脏某些疾病。部位是在右肷部。方法是：先剪毛、消毒，取长针头刺入腹腔，针头刺进后能左右活动，再接上带药的注射器或输液器，徐徐将药注入即可。如用大量液体进行透析疗法时，应待药物在腹腔内停留30~60分钟后，于腹下部脐前5~10厘米处，用长针头穿刺腹腔壁并进入腹腔，排出多余的积液。

（六）气管注药法

气管注药法是将药液直接注入气管内。注射时多采用侧卧保定，且头高臀低，皮肤消毒后将针头穿过气管软骨环之间，垂直刺入，摇动针头能自由活动，接上注射器，抽动活塞见有气泡，即可将药液缓缓注入。如欲使药液流入两侧肺中，则应注射2次，第二次注射时，将羊翻转，卧于另一侧。该法用于治疗气管炎、支气管炎和肺部其他疾病。也常用于肺部驱虫（如羊肺丝虫病）。

（七）皮肤表层涂药法

皮肤表层涂药法多在羊患有疥癣、虱、皮肤湿疹、外伤、口疮等时采用，将药物直接涂到病变部位表面。如羊患疥癣时，将患处用温水洗净，刮去干燥的皮屑，把调好的敌百虫油剂涂到患部即可。如患乳房炎可在乳房外部涂抹一些相应的药物。

第三章
羊的主要传染病

一、羊快疫

羊快疫是羊的最急性传染病，发病突然，病程急剧，死亡很快，所以称为“羊快疫”。特征是消化道内产生大量气体，皱胃和十二指肠的黏膜呈现出血性、炎性变化。

【流行病学】病原体主要是腐败梭菌及恶性水肿杆菌。羊快疫主要经消化道传染，以 6 个月到 2 岁的绵羊最易感，山羊也能发生，多发于秋、冬和初春，常流行于低凹地区，羊只受寒感冒或采食冰冻草料等而使机体抵抗力降低，促使本病发生。

【症状】病羊往往来不及表现临床症状即突然死亡，常见在放牧时死于牧场或早晨发现死于圈舍内。死亡慢者，不愿行走，运动失调，腹痛腹泻，磨牙抽搐，最后衰弱昏迷，口流带血白沫，病程极为短促，多于数分钟至几小时内死亡。

【剖检变化】尸体迅速腐败膨胀，可视黏膜充血呈暗紫色，剖检时可见真胃出血性炎症，胃底部及幽门部黏膜可见大小不等的出血点及坏死区，黏膜下发生水肿，肠道内充满气体，常有充血、出血，严重者发生坏死和溃疡、体腔积液，心内、外膜可见点状出血，胆囊多肿胀。

【类症鉴别】

1. 与羊肠毒血症的鉴别：羊快疫发病季节常为秋、冬和早

春，而羊肠毒血症多在春夏之交抢青时和秋季草籽成熟时发生。患羊快疫时常有明显的真胃出血性炎性损害；而患羊肠毒血症时，多无或仅见轻微病损。患羊快疫时，肝脏被膜触片多见无关节长棒状的腐败梭菌；而患羊肠毒血症时，病羊的血液及脏器可检出 D 型魏氏梭菌。

2. 与羊炭疽的鉴别：羊快疫与羊炭疽的临床症状及病理变化较为相似，可用病料组织进行炭疽阿斯科利沉淀反应区别诊断，同时可从病原形态上鉴别。患羊炭疽的病羊肛门、阴门等天然孔出血，且不易凝固，是与羊快疫较大的区别。

【预防】常发地区定期注射羊三联四防苗（羊快疫、羊猝疽、羊肠毒血症、羔羊痢疾）或羊快疫单苗，皮下或肌内注射 5 毫升，每年春秋 2 次注射。加强饲养管理，防止严寒袭击，严禁吃霜冻饲料。羊舍建在地势高燥之处。

【治疗】病程短的往往来不及治疗。病程长者可采用下列疗法：

1. 青霉素肌内注射每次 160 万~240 万单位，1 日 2~3 次。

2. 内服磺胺嘧啶，每次 5~6 克，1 日 2 次，连服 3~4 次。

3. 内服 10%~20%生石灰乳，每次 100~200 毫升，连服1~2 次。

二、羊肠毒血症

羊肠毒血症又称软肾病、类快疫，是由 D 型产气荚膜杆菌在羊肠道大量繁殖，产生强烈的外毒素所引起的疾病。

【流行病学】病原体是 D 型魏氏梭菌，革兰氏染色阳性。主要存在于病羊的十二指肠、回肠内容物和粪便及土壤中。主要由于采食了污染的饲料和饮水，经消化道感染。各种品种、年龄的羊都有易感性，但绵羊发病率比山羊高，1 岁左右且肥胖的羊发病较多。多发生于春末和秋季，多呈散发。雨季、气候骤变和在低凹地区放牧或缺乏运动，突然喂给适口性较好的饲料或偷吃过多的精料，均可促进本病发生。

【症状】本病的发生多为急性，多突然死亡，有时放牧时没有任何症状，但第二天早晨已死于圈内。如在放牧时发病，病羊不爱吃草，离群呆立或卧下，或独自奔跑，有时低头做采食状，口含饲草或其他物，却不咀嚼下咽。胃肠蠕动微弱，咬牙，侧身倒地，四肢抽搐痉挛，左右翻滚，头颈向后弯曲，呼吸迫促，口鼻流出白沫，心跳加快，结膜苍白，四肢及耳尖发凉，呈昏迷状态，有时发出痛苦呻吟，体温一般不高。多于 1~2 小时内死亡。

病程较长的，最初精神委顿，短时间发生急剧下痢，粪便初呈粥状，黄棕色或暗绿色，有恶臭气味，内含灰渣样料粒，以后迅速变稀，掺杂有黏液，继而呈黑褐色稀水，内含长条状灰白色假膜，或混有黑色小血块，每次移动时拉成一条粪路，排粪后往往肛门外翻，露出鲜红色黏膜。羊只有时抖毛、展腰、肠音响亮，有时张口呼吸，大多有疝痛症状。精神沉郁，常低头面墙呆立或独卧于墙角，强迫运动时可见共济失调，最后表现肌肉痉挛，卧地不起，头向后仰，四肢做游泳状，大声哀叫后死亡。个别死前完全昏迷，静躺不动，口流清水，角膜反射消失，呼吸逐渐衰弱。此型病程一般 5~18 小时死亡，很少超过 24 小时。

【剖检变化】真胃内常见残留未消化的饲料，肠道（尤其小肠）黏膜出血，严重者整个肠段呈血红色或有溃疡，肾脏软化如泥样，体腔积液，心脏扩张，心内、外膜有出血点，全身淋巴结肿大，切面黑褐色，肺脏大多充血、水肿，表面可看到大小不等的出血点，气管及支气管内有多量白色泡沫，胆囊肿大。

【类症鉴别】

1. 与炭疽的鉴别：炭疽可致各种年龄的羊发病，临床诊断

有明显的体温反应，黏膜呈蓝紫色，死后尸僵不全，天然孔流血，脾脏高度肿大，镜检可见有荚膜的炭疽杆菌。

2. 与巴氏杆菌病的鉴别：巴氏杆菌病病程多在 1 天以上，临床表现有体温升高，皮下组织出血性胶样浸润。后期呈现肺炎症状。病料涂片镜检可见革兰氏阴性、两极浓染的巴氏杆菌。

【预防】

1. 加强饲养管理，主要应避免采食过多的多汁嫩草及精料，经常补给食盐，适当运动，天气突变时做好防风保暖工作。

2. 每年春秋两次进行防疫注射，不论年龄大小每只每次皮下或肌内注射羊三联四防苗 5 毫升。

3. 对病羊所污染的场所、用具等彻底消毒。

【治疗】最急性的往往来不及治疗便迅速死亡。对病程较长的（2 小时以上）病羊可采用下列疗法：

1. 青霉素 160 万~240 万单位肌内注射，每 4 小时 1 次，连用 3~6 次。

2. 病程较长的（6 小时以上）可用中西医结合，灌服下列药物：鞣酸蛋白 12 克、次硝酸铋 10 克、酞磺胺噻唑 12 克、硒碳银 30 克、药用炭 15 克，混合研末，分两次灌服。

3. 20%生石灰水过滤液 200~300 毫升内服。

4. 对症治疗：脱水时及时输液，可用 5%糖盐水 500 毫升加 10%安钠咖 5 毫升静脉注射，每 3~5 小时 1 次；有疝痛症状时可肌内注射安乃近 5~10 毫升。怀孕母羊应注射黄体酮 20~30 毫克。对想喝水的病羊可供给温盐水，应少量多次，2 小时 1 次。对想吃草的羊只给予优质干草。

三、羊痘

羊痘是羊的一种急性、热性、接触性传染病。该病以无毛或

少毛的皮肤和黏膜上生痘疹为特征。典型病例初期为丘疹，后变为水疱、脓疱，最后干结成痂脱落而痊愈。

【流行病学】病原为羊痘病毒，分山羊痘和绵羊痘两种，它们之间一般不会形成交叉感染。该病毒主要存在于病羊的痘疱、浆液及水疱皮内。羊痘病毒对热、直射阳光、碱和大多数常用消毒药（乙醇、碘酊、氯化汞、福尔马林、来苏儿、石炭酸等）均较敏感。在58℃的温度下5分钟可杀死。该病毒耐干燥，在干燥的疱皮内能生存数年，在干燥的羊舍内可存活8个月。该病主要是通过呼吸道及含病毒的飞沫和尘土传染，也可通过损伤的皮肤及消化道传染，被病羊污染的用具、饲料、垫草，病羊的粪便、分泌物、皮毛和外寄生虫都可成为传播的媒介。该病多发生于春秋两季，常呈地方性流行或广泛流行。

【症状】病初体温升高至41~42℃，精神不振，食欲减退，拱腰发抖，眼睛流泪，咳嗽，鼻孔有黏性分泌物。2~3天后在羊的嘴唇、鼻端、乳房、阴门周围及四肢内侧等处的皮肤上发生红疹，继而体温下降，红疹渐肿突出，形成丘疹，数日后丘疹内有浆液性渗出物，中心凹陷，形成水疱，再经3~4天水疱化脓形成脓疱，以后脓疱干燥结痂，再经4~6天痂皮脱落遗留红色瘢痕。该病多继发肺炎或化脓性乳房炎，怀孕后期的母羊多流产。有的病例不呈现上述典型经过，仅出现体温升高或出少量痘疹，或痘疹呈结节状，在几天内干燥脱落，不形成水疱和脓疱，有的病例见痘内出血，呈黑色痘。有的病例痘疱发生化脓或坏疽，形成较深的溃疡，发出恶臭，致死率很高。

【剖检变化】前胃或皱胃的黏膜上往往有大小不等的圆形或半圆形坚实的结节，单个或融合存在。有的引起前胃黏膜糜烂或溃疡，咽和支气管黏膜也常有痘疹，肺有干酪样结节和卡他性肺炎区，淋巴结肿大。

【预防】对羊痘的治疗目前尚无特效药，主要是做好预防和

对症治疗。

预防注射：每年春季不论羊只大小，一律在股内侧或尾下皮内注射稀释好的羊痘疫苗 0.2 毫升（1 头份），免疫期 1 年，羔羊应在 7 月龄时再注射 1 次。

【治疗】一般采用对症治疗，在痘疹上或溃烂处涂碘甘油、紫药水等，结节可用针挑破涂以碘酊。体温升高时为了预防继发乳房炎等，可肌内注射青霉素、链霉素等。用量为每次青霉素 160 万~240 万单位、链霉素 100 万~200 万单位，每日 2 次，羔羊酌减。病愈后的羊可产生终生免疫力。

四、山羊传染性胸膜肺炎

山羊传染性胸膜肺炎俗称烂肺病，是一种山羊特有的接触性传染病，发病较急，有时呈慢性经过。其特征是高热、咳嗽及胸膜发生浆液性和纤维素性炎症。

【流行病学】本病病原为丝状支原体，为一细小多形状的微生物，革兰氏染色阴性。主要存在于病羊的肺组织和胸腔渗出液中，该病原在肺渗出物中可保存 19~25 天，腐败材料可存活 3 天，干粪内强光直射仍可保持毒力 8 天之久。加热至 55~60℃，40 分钟可杀死。消毒药 1%克辽林 5 分钟，0.25%福尔马林或 0.5%石炭酸 48 小时内可杀死，对四环素和氯霉素较敏感。该病主要是通过空气、飞沫经呼吸道传染。病羊是主要的传染源，该病常呈地方性流行，接触传染性很强，成年羊发病率较高，冬季和早春枯草季节发病率较高。阴雨连绵、寒冷潮湿和营养不良易诱发本病。

【症状】病初体温升高，精神沉郁，食欲减退，随即咳嗽，流浆液性鼻液；4~5 天后咳嗽加重，干而痛苦，浆液性鼻液变为脓性，常黏附于鼻孔、上唇，呈铁锈色，多在一侧出现胸膜肺炎变化。叩诊呈实音区，听诊呈支气管呼吸音及摩擦音，触压胸壁表现疼痛。呼吸困难，高热稽留，腰背拱起呈痛苦状。孕羊大部分流产。肚胀腹泻，甚至口腔溃烂，眼睑肿胀，口半开张，流泡沫样唾液，头颈伸直，最后病羊衰竭死亡。病期多为 7~15 天，长的达 1 个月，耐过不死的转为慢性。

【剖检变化】病变多局限于胸部，胸腔有淡黄色积液，暴露于空气后发生纤维蛋白凝块，出现纤维蛋白性肺炎，切面呈大理石样，肺小叶间质变宽，界限明显。血管内常有血栓形成，胸膜变厚而粗糙，与肋膜、心包膜发生粘连。支气管淋巴结和纵隔淋巴结肿大，切面多汁，有出血点。心包积液，心肌松弛变软。肝脾肿大，胆囊肿胀。肾脏肿大，被膜下可见有小出血点。

【预防】

1. 坚持自繁自养，勿从疫区引进羊只。

2. 加强饲养管理，增强羊的体质。对从外地引进的羊应隔离观察后认为无病时才能合群。

3. 定期进行预防注射，用山羊传染性胸膜肺炎氢氧化铝苗接种，半岁以下的皮下或肌内注射 3 毫升，半岁以上的注射 5 毫升，免疫期 1 年。

【治疗】

1. 恩诺沙星注射液 2.5~5 毫克/（千克·次），1~2 次/天，连用 5~7 天。

2. 长效盐酸土霉素注射液 0.2 克/千克肌内注射，2 天 1 次，连用 3 次。

3. 氟苯尼考注射液 10~20 毫克/千克肌内注射，2 天 1 次，连用 3 次。

4. 病初也可使用红霉素，按每千克体重 5~10 毫克溶于 5% 葡萄糖溶液中 1 次静脉注射，1 天 2 次。

5. 对同群假定健康羊、初期病羊可应用中药清肺散：白芍39克、黄芩10克、大青叶10克、知母8克、炙杷叶7克、炒牛子7克、连翘6克、炒葶苈子3克、桔梗6克，共研为末，加鸡蛋清2个灌服，每天1次，连服3天，或水煎后去渣灌服。

五、小反刍兽疫

小反刍兽疫又称羊瘟（PPR），是由副黏病毒科麻疹病毒属小反刍兽疫病毒引起的一种急性接触性传染性疾病，主要感染小反刍兽，山羊高度感染，野生小反刍兽偶发。

该病系发于非洲撒哈拉沙漠南地区，流行于阿拉伯半岛、大部分中东国家和南亚、西亚地区。2010年后我国开始重视该病。本病被世界动物卫生组织（OIE）定为A类动物疫病，我国根据2003年后周边国家疫情形势，将其定为一类病，开展定点监测和强制免疫。

【流行病学】自然发病主要见于山羊、绵羊、羚羊、白尾鹿等小反刍兽，以山羊最易感，且表现强烈，常呈最急性型，即很快死亡。绵羊次之，一般呈亚急性经过而痊愈，或不呈现临床症状。牛、猪偶见隐性感染，常为亚临床经过，2~18个月的幼龄动物易感。

本病传染源为患病动物和隐性感染动物，亚临床的羊最为危险。病畜的分泌物、排泄物均含大量病毒。直接接触患病或隐性感染动物，或直接接触前述两类动物的分泌物、排泄物是感染的主要途径。喷嚏、咳嗽飞液也可传播，还可能经人工授精或胚胎移植传播，或通过已感母羊产前1天、产后45天的乳汁传播。非疫区多因引入动物导致扩散。

本病流行的季节特征不明显。首次感染的易感动物群发病率可达100%，严重时病死率可达100%，中度暴发时致死率50%，老疫区呈零星发生，幼年动物发病率和病死率均较高。

【症状】因动物的品种、年龄差异，以及气候和饲养管理水平的不同，表现明显的感染性差异。

1. 最急性型：见于山羊，平均2个月的潜伏期后，出现40~42℃高热，精神沉郁，感觉迟钝，绝食，炸毛，常见流泪和流浆液性、黏性鼻涕。口腔黏膜溃烂，或未见此症即死亡。多见脊髓充血、体温下降，陡然死亡，整个病程5~6天。

2. 急性型：潜伏期3~4天，症状同最急性型，但病程较长，临床多见于成年绵羊或山羊的公羊、羯羊、空怀羊。发病急剧，41℃高热稽留3~5天，初见反应迟钝，食欲减退，鼻镜干燥，鼻流黏性或脓性涕，污堵鼻孔，呼气恶臭，口腔黏膜和齿龈充血，渐呈广泛性黏膜损坏，大量流涎。发热5天起，口腔黏膜现溃疡灶，严重病例可见齿龈、腭、颊、舌、乳头等处溃烂灶，舌被一层微白色恶臭浮膜，牵拉脱落后现鲜红舌面。后期可见出血的水状腹泻，病羊严重脱水、衰竭，常伴咳嗽、胸现湿啰音及腹式呼吸，死前体温下降。母羊常伴有外阴-阴道炎，常有黏性、脓性分泌物，或流产。病程8~10天。转归不一，可伴发其他病死亡，也可痊愈，或转慢性型。

3. 亚急性或慢性型：病程延长到10~15天，多见于急性之后。早期症状同上，口、鼻、下颌部的结节和脓疱是本症晚期的特有症状。易与传染性脓疱炎混淆。

【剖检变化】与牛瘟相似。特殊病变是结膜炎、坏死性口炎等眼观病变，严重者延及硬腭或咽喉。

【防控】本病为危害严重的烈性传染病，应通过加强入境检疫强化监测防止传入。国内重点监测区和边境隔离区通过强制免疫提高羊群的免疫力。一旦发现，立即上报，按一类病防控预案处置。

六、羊布氏杆菌病

布氏杆菌病是一种人畜共患的慢性传染病。其特征是：生殖器官和胎膜发炎，引起流产、不育和各种组织的局部病症。

【流行病学】病原为布氏杆菌。主要存在于病畜的生殖器官、内脏和血液。该菌对外界的抵抗力很强，在干燥的土壤中可存活37天，在冷暗处和胎儿体内可存活6个月，高压灭菌10~15分钟才能将其杀死。1%的来苏儿，2%的福尔马林，5%的生石灰水15分钟可杀死，直射阳光4个小时以上才能杀死。布氏杆菌病的传染源主要是病畜及带菌动物，最危险的是受感染的妊娠母畜，它们在流产和分娩时，将大量病原随胎儿、胎水和胎衣排出。本病主要通过采食被污染的饲料、饮水经消化道感染。经皮肤、黏膜、呼吸道以及交配也能感染，与病羊接触，加工病羊肉等，如不严格消毒，都容易感染本病。本病不分性别、年龄，一年四季均可发生。

【症状】本病临床首发症状是流产。流产前食欲减退、口渴、精神委顿、阴道流出黄色黏液；流产多发生于怀孕后的第三、四个月；流产母羊多数胎衣不下，继发子宫内膜炎，影响受胎。公羊表现睾丸炎，睾丸上缩，行走困难，拱背，饮食减少，逐渐消瘦，失去配种能力。其他症状可能还有乳房炎、支气管炎、关节炎等。病羊呈现关节炎时，在放牧中突然跛行，严重时不能行走，经1~2天很快好转，患肢经常复发。

【剖检变化】可见流产母羊胎衣停滞，胎衣呈黄色胶冻样浸润，胎衣增厚，并有出血点。胎儿真胃中有微黄色或白色黏液及絮状物，胃及黏膜和浆膜上有出血点。腹水、胸水微红，皮下呈出血性浸润。肝、脾、淋巴结有不同程度的肿胀。公羊可发生化脓坏死性睾丸炎和副睾炎，睾丸肿大，后期睾丸萎缩。

【预防】本病无特效治疗药物，只有加强预防检疫工作来彻底消灭本病。

1. 定期检疫。对羔羊每年断乳后进行1次布氏杆菌病检疫。成年羊2年检疫1次或每年预防接种而不检疫。对检出的阳性羊要扑杀处理，不能留养或给予治疗。

2. 免疫接种。当年新生羔羊通过检疫呈阴性的，用“猪2号弱毒活菌苗”饮服或注射，山羊、绵羊不分大小每只饮服500亿活菌。如畜群大，可按全群羊数计算所需菌苗量，将所需菌苗拌水中，让全群饮服，或拌饲料内让全群采食；如果羊群数少，可用注射器将菌苗逐头注入口内，或将菌苗加入清水中，逐头灌服，或加入饲料中逐头喂服。肌内注射：每只山羊25亿菌，每只绵羊50亿菌。

七、羊炭疽

炭疽是一种人畜共患的急性、热性、败血性传染病。其特点是败血症变化，脾脏显著肿大，皮下和浆膜下组织呈出血性胶样浸润，血液凝固不良。

【流行病学】病原为炭疽杆菌，革兰氏染色呈阳性。该病原本身对外界的抵抗力并不强，但与外界接触很容易形成芽孢，芽孢有很强的抵抗力，干燥状态下可存活10年以上。干热（150℃）消毒60分钟才能将其杀死，121℃高压湿热灭菌15分钟才能将其杀死。病原对常用的消毒药均不敏感。对20%的漂白粉溶液、0.5%的过氧乙酸、5%的氢氧化钠较敏感，可作为消毒药使用。此病人和家畜均易感，病羊是主要的传染源，濒死病羊体内及其排泄物中常有大量菌体。被污染的土壤、水源、牧地则可成为长久的疫源地。主要经消化道、呼吸道及吸血昆虫叮咬而感染，多发于夏季，呈散发或地方性流行。

【症状】多为最急性，体温42℃以上，突然发病，病羊昏迷，眩晕，摇摆，倒地，呼吸困难，结膜发绀，全身战栗，磨牙，口、鼻流出白色泡沫，肛门、阴门流出血液，且不易凝固，数分钟即可死亡。病羊病情缓和时，兴奋不安，行走摇摆，呼吸加快，心跳加速，黏膜发绀，后期全身痉挛，天然孔出血，数小时内即可死亡。

【剖检变化】外观可见尸体迅速腐败，极度膨胀，天然孔流血，血液呈暗红色煤焦油样，凝固不良，可视黏膜发绀或有点状出血，尸僵不全。对死于炭疽的羊严禁解剖。

【预防】

1. 对死于炭疽的病羊不准扒皮吃肉，应挖坑深埋（2米以上），对污染场所和用具彻底消毒，用20%漂白粉溶液1升/米^{2}消毒，共3次，每次间隔1小时。垫草应焚烧。

2. 预防注射：每年定期注射1次，用Ⅱ号炭疽芽孢苗皮下注射1毫升，免疫期1年。

【治疗】必须在严格隔离的条件下治疗。

1. 血清疗法：患病后立即皮下或静脉注射抗炭疽血清50~120毫升，12小时后如体温不下降，再注射1次。

2. 药物治疗：青霉素肌内注射，大羊160万~240万单位，小羊80万~160万单位，每6小时1次。

八、破伤风

破伤风是人畜共患的一种创伤性、中毒性传染病。其特征是患病动物全身肌肉发生强直性痉挛，对外界的刺激反射兴奋性增强。

【流行病学】病原是破伤风梭菌，为厌氧菌。革兰氏染色阳性。本菌繁殖体对一般的消毒药抵抗力不强，均能在短时间内被

杀死。但其芽孢具有很强的抵抗力，可靠的消毒药为5%的石炭酸液，0.1%的氯化汞，0.5%的盐酸，5%的克辽林，3%的福尔马林，10%的氢氧化钠液及10%的碘酒。该病的发生主要是破伤风梭菌经伤口侵入机体的结果。羊常因去角、断脐、分娩、刺伤、咬伤、开放性骨折、阉割、外科手术等处理不当而发生。该病以散发形式出现。

【症状】病初症状不明显，以后表现为不能自由起卧，四肢逐渐强直，运步困难，角弓反张，反射兴奋性增强，病羊惊恐不安，牙关紧闭，不能采食和饮水，排粪、排尿困难，背僵直，耳竖立，四肢僵直，形成木马状，倒地后不能起来。发病后期常因急性胃肠炎而引起腹泻，病死率很高。

【预防】

1. 防止羊发生外伤，如有外伤用5%碘酒消毒。

2. 预防注射：每年接种破伤风类毒素，皮下注射1毫升，免疫期1年，小羊减半。第二年再注射1次，免疫期可达4年。

3. 在外科手术时尽量做到无菌操作，防止伤口感染。

【治疗】

1. 将病羊置于光线较暗的地方，给予易消化的饲料和充足的饮水，彻底清除伤口内的坏死组织。用3%的双氧水或1%的高锰酸钾水或5%~10%的碘酒进行彻底消毒处理。病的初期应用破伤风抗毒素5万~10万单位肌内或静脉注射，以中和毒素。为了缓解肌肉痉挛可用氯丙嗪按每千克体重0.002克或25%硫酸镁注射液10~20毫升肌内注射，并配合应用5%的碳酸氢钠100~200毫升静脉注射，对长期不能采食的病羊，还应每天补糖补液。当羊牙关紧闭时，可用3%的普鲁卡因5毫升和0.1%的肾上腺素0.2~0.5毫升混合注入咬肌。

2. 早期可大剂量应用青霉素240万~320万单位，1日2~3次。

3. 新砷矾纳明（九一四）0.5 克，溶于 10% 葡萄糖注射液 500 毫升内，1 次静脉注射，间隔 48 小时重复注射 1 次。

4. 新针疗法可针百会、大风门、伏兔等穴位。

九、口蹄疫

羊口蹄疫是一种具有高度传染性的急性传染病。其特征是口腔黏膜、趾间及乳房上发生水疱和烂斑，它是一种人畜共患的传染病。

【流行病学】病原为口蹄疫病毒，分 A、O、C 等 7 个主型，各型之间不能交叉免疫，病毒的毒力很强，对外界的抵抗力相当大，在羊毛、干草和粪便中能存活很长时间，口蹄疫病毒能使各种偶蹄兽发病，人也具有易感性。病毒及带毒动物为传染源，主要经消化道感染，也可经受伤的皮肤、黏膜及呼吸系统传播。在新疫区呈流行性，发病率可达 100%；而在老疫区发病率较低，常呈现一定的季节性，秋末开始，冬季加剧，春季减缓，夏季平息。

【临床症状】在病毒进入血液阶段，病羊体温升高到 40～41℃以上，精神沉郁，食欲减退，继则在口腔黏膜及趾间、乳头的皮肤上，发生豌豆大至蚕豆大的水疱，以后水疱互相融合，形成大水疱或连成一片，并很快破溃，遗留边缘整齐的红色烂斑。病羊大量流涎，开口时常可听到吸吮音。当四肢同时患病时，经常交替负重，并常抖动后肢，运步时呈现跛行，严重者长期伏卧，起立困难。如感染化脓或发生坏死时，蹄匣可能脱落，蹄骨出现坏死等。

绵羊患病时，主要在蹄冠、蹄踵和趾间发生水疱和烂斑，口腔很少见到病变。山羊患病时，口腔及蹄部都有水疱和烂斑。

【剖检变化】除口腔、蹄部和乳房等都出现水疱和烂斑外，严重者咽喉、气管、支气管和前胃黏膜有时也有烂斑和溃疡，前

胃和大小肠黏膜可见出血性炎症，心包膜有散在性出血点，心肌切面呈现灰白色或淡黄色斑点或条纹，称为“虎斑心”，心肌松软，似煮熟状。

【预防】

1. 该病为动物重大疫病，属法定强制免疫病种，国家设有专门机构检测病毒的变异、流行情况。各羊场和养羊户有主动配合当地动物疫病防控机构采样检测，落实免疫的义务，每年都要按政府组织开展免疫。散养户羊只由防疫人员直接接种，规模羊场由技术人员在动物防疫机构指导下落实。常用的为口蹄疫O型、A型、Asia Ⅰ型多价灭活疫苗，注射后14天可产生免疫力，免疫期为4~6个月。每年注射2~3次。

2. 发生口蹄疫后的扑灭措施：采取病料送检定型，2小时内上报，并通知相邻单位，组织联防机构，划定疫区，进行封锁，争取早期就地扑灭。被病羊污染的场地和用具用2%氢氧化钠溶液或10%的生石灰水消毒。病尸不能食用，急宰病羊的肉经煮熟后可于疫区内食用。皮毛可用2%氢氧化钠溶液浸泡消毒，羊的粪便需经发酵后使用。病羊放牧过的场所，夏季经两周，春季经两个月后才能放牧，在最后一只病羊痊愈或死亡后经14天无新病例出现时，经彻底消毒，可解除封锁。

【治疗】本病一般不允许治疗，要就地扑杀，进行无害化处理，如若治疗，应在严格隔离的前提下进行，指定专人，固定饲养管理用具。治疗多取对症疗法：口腔病变可用青黛散，即青黛9克、黄连6克、黄柏6克、薄荷4克、桔梗6克、儿茶6克，共为细末备用；或冰硼散，即冰片30克、硼砂30克、芒硝30克，共为细末，取适量吹入口腔；也可用1%~3%紫药水或1%碘甘油涂口腔患部。蹄部和乳房病变可用消毒药水洗净，涂擦紫药水或碘甘油，也可撒布煅石膏和锅底灰的混合细末（煅石膏和锅底灰各一半，加少量食盐，研成细末）。

十、传染性结膜角膜炎

传染性结膜角膜炎又称“红眼病”，是牛、羊常见的一种急性传染病，损害局限于眼部，其特征为眼结膜和角膜发生明显的炎症变化，伴有大量的流泪，随后角膜浑浊或呈乳白色。

【流行病学】病原体是嗜血杆菌。菌体通常成对排列，具有荚膜，革兰氏染色阴性，各种羊均易感。病羊是主要的传染源，病菌存在于眼结膜及分泌物中，主要是通过直接接触传染，打喷嚏和咳嗽时通过飞沫也可传染。本病季节性不强，但以春秋发病较多，刮风、尘土飞扬、羊舍狭小、空气污浊等易于本病的发生和传播。

【症状】主要表现为结膜炎，多数病羊先一眼患病，初期病眼怕光流泪，眼睑半闭，眼内角流出浆液或黏液性分泌物，不久则变成脓性，结膜潮红充血，其后发生角膜炎和角膜溃疡。随病情发展，可继发虹膜炎，以后浑浊度增加，呈云翳状，病程一般为 20 天左右，多数能自愈。

【预防】羊舍要通风透光，面积要适中，要保持清洁卫生。发现病羊要立即隔离，并将病羊放在较暗处。

【治疗】

1. 用 2%~4% 硼酸水或淡盐水洗眼，擦干后选用红霉素，2%黄降汞或 2%可的松眼膏涂于眼结膜囊内，每日 2~3 次。

2. 三砂粉点眼：硼砂、朱砂、硇砂各等份研为细末，取适量用竹筒或纸筒吹入眼内。用土霉素或氯霉素粉也可。

3. 角膜浑浊时用青霉素 20 万~50 万单位，加入病羊的全血 10 毫升中，立即注射于眼睑皮下，效果较好。

4. 庆大霉素针剂 4 毫升，加针剂地塞米松 2 毫升，0.1%肾上腺素 1 毫升混合点眼，每日 2~3 次。

5. 50 万链霉素加蒸馏水 5 毫升，眶上孔注射，隔天 1 次。

6. 中药可用龙胆草、石决明、草决明、白蒺藜、川木贼、蝉蜕、苍术、白芍、甘草各 15 克，青葙子 52 克，共为细末，开水 1 次冲服，另配合炉硼散点眼（炉甘石 52 克、硼砂 12 克、海螵蛸 12 克、冰片 10 克，共为细末），每日 1 次，连用 3~5 次。

以上各法，可根据情况选用。

十一、狂犬病

狂犬病俗称“疯狗病”，是一种人畜共患的接触性传染病。该病特征为神经兴奋和意识障碍，继之局部或全身麻痹而死亡。

【流行病学】病原为狂犬病病毒，在动物体内主要存在于中枢神经细胞和唾液腺细胞内，可在胞浆内形成特异的包涵体——内基氏小体。该病毒对 0.1%氯化汞、5%碘酒、3%石炭酸、硝酸银等较敏感。该病毒除感染羊外，犬、人和多种家畜及野生动物均有易感性。主要传染源是患病的家犬及带毒的动物，患病的动物以咬伤为主要传播途径，也可经损伤的皮肤、黏膜传染，以散发性流行为主。

【症状】狂犬病在临床上分为狂暴型和沉郁型两种病例。

狂暴型病羊初期精神沉郁，反刍、食欲降低，不久表现起卧不安，出现兴奋和冲击动作，如冲撞墙壁、磨牙流涎、性欲亢进、攻击动物等，常舔咬伤口，使之经久不愈，末期发生麻痹，卧地不起，衰竭而死。沉郁型多无兴奋期或兴奋期短，而且迅速转入麻痹期，出现喉头、下颌、后躯麻痹，流涎，张口，吞咽困难等症状，最终卧地而死。

【剖检变化】尸体无特异性变化，消瘦，有咬伤、裂伤，口腔和咽喉黏膜充血或糜烂，组织学检查见有非化脓性脑炎变化，在大脑海马回及小脑和延脑的神经的胞浆内出现嗜酸性包涵

体——内基氏小体。

【预防】

1. 扑杀野犬、病犬及拒不免疫的犬类。

2. 定期预防接种，按疫苗说明书稀释注射，免疫期6个月。

3. 发现病畜应立即扑杀，以免危害于人。病尸销毁，严禁食用。

【治疗】羊和家畜被疯狗或可疑动物咬伤后，应及时用清水或肥皂水冲洗伤口，再用2%~5%碘酊、3%石炭酸或0.1%氯化汞等处理伤口，并立即接种狂犬病疫苗。也可同时用免疫血清进行治疗。

十二、羊蓝舌病

蓝舌病是反刍动物的一种病毒性传染病，其特征为：发热，口腔、鼻腔和胃肠道黏膜的溃疡性炎症变化，乳房和蹄冠上也常有病变，且常因蹄真皮层遭受侵害而发生跛行。

【流行病学】病原为呼肠孤病毒科的蓝舌病病毒。病毒对干燥的抵抗力较强，3%福尔马林和75%乙醇能使其死亡。家畜中以绵羊的易感性最大，山羊和其他反刍动物也能患该病。患病动物为传染源，主要由媒介昆虫——伊蚊及库蠓传播，呈季节性流行。多发于湿热的夏季和早秋，特别是池塘、河流多的潮湿低洼地区易发此病。

【症状】该病一般潜伏期为4~10天。病初体温升高至40~42℃，高热稽留4~5天，精神委顿，厌食，呼吸及心跳加快。大量流涎、流鼻涕，双唇发生水肿，常蔓延至面颊、耳部，舌及口腔黏膜充血、发绀，出现瘀斑呈青紫色；严重者发生溃疡、糜烂，致使吞咽困难。继发感染进一步引起组织坏死，口腔恶臭，鼻腔有脓性分泌物，干涸后结痂于鼻子周围，因而引起呼吸困难。鼻黏膜和鼻镜糜烂出血。有时蹄冠和蹄叶发炎，最初蹄热而痛，后见跛行，甚至膝行或卧地不动。有时下痢带血，发病率30%~40%，病死率20%~30%，多由于并发肺炎或胃肠炎而死亡。山羊的症状与绵羊相似，但较轻，多呈良性经过。

【剖检变化】各脏器和淋巴结充血、水肿和出血；颈颔部皮下胶样浸润；除口腔黏膜糜烂出血外，呼吸道、消化道黏膜及泌尿系统黏膜均有出血点，乳房和蹄冠等部位上皮脱落，但不发生水疱，蹄叶发炎并常溃烂。

【预防】

1. 每年应注射鸡胚化弱毒疫苗或牛肾脏细胞致弱的组织苗，半岁以上的羊按说明用量皮下注射，10天后产生免疫力，免疫期1年。生产母羊应在配种前或怀孕后3个月内接种疫苗。

2. 发现病羊应扑杀，对场地和用具进行彻底消毒。

3. 提倡在高地放牧和羊群回圈过夜。

【治疗】目前尚无有效的治疗方法，主要是加强营养，精心护理、对症治疗。口腔用清水、食醋或0.1%的高锰酸钾水溶液冲洗，再用1%~3%硫酸铜或碘甘油涂糜烂面，或用冰硼散外用治疗。蹄部患病时可先用3%克辽林或3%来苏儿洗净，再用土霉素软膏涂抹。注射抗生素，预防继发感染。

十三、衣原体病

衣原体病是一种多种动物和人共患的传染病。该病特征为：发热、流产、死胎和产病、弱羔羊的亚急性传染病，也称病毒性流产或地方性流产。

【流行病学】病原为鹦鹉热衣原体，该病原在60℃的情况下经10分钟可灭活，75%乙醇、3%过氧化氢数分钟可灭活，0.1%的福尔马林、0.5%的石炭酸，24小时可灭活，该病原对低

温耐受性较强。用足量的青霉素、氯霉素、四环素或红霉素能抑制病原的繁殖。本病以羊易感性最大，且初产羊发病较多，常呈地方性流行，在产羔期产房卫生条件较差时最易发生本病。

【症状】主要表现为流产和产下弱羔或死胎。流产多发生在怀孕后期，即产前1个月以内。流产后多数胎衣滞留，有些母羊因继发细菌性子宫炎而死亡。在羊群首次暴发本病时，可使20%~60%的怀孕母羊流产。羔羊感染本病后，表现发热、跛行、多发性关节炎，甚至呈败血症死亡。

【剖检变化】主要病变是胎盘水肿，绒毛尿囊膜有坏死性炎症。胎儿皮下水肿，颈、背和臀部常有暗褐色的瘀血块。胸腔、腹腔内有血样积液。肝脏肿胀，质脆。

【预防】易感母羊在配种前或怀孕后1个月内用羊流产衣原体油佐剂卵黄囊灭活苗预防注射，每只羊皮下注射3毫升，免疫期1年。本病流行暴发时，对所有的流产母羊、病弱羔羊及其同窝羔羊隔离饲养，一直到全部母羊的子宫不再排出污物和全部存活羔羊恢复健康为止。将感染的胎盘和流产的胎儿进行无害化处理，污染的羊圈清扫后用2%氢氧化钠消毒。

【治疗】可采取对症疗法，发热的可肌内注射安乃近或氨基比林针剂。为防止继发其他疾病可肌内注射青霉素、链霉素或四环素类抗生素，对体质较弱的羊，可采取输液疗法。

十四、羊链球菌病

羊链球菌病是一种急性、热性、败血性传染病。其临床特征为颌下淋巴结与咽喉肿胀，由于大多数病羊继发大叶性肺炎，呼吸困难，胆囊肿大，故有些地区又叫“大胆病”。

【流行病学】病原体是羊链球菌，革兰氏染色阳性。在病料中呈球形，单个或成对存在，也可见到3~5个菌体相连的短链，该病原对一般的消毒药都较敏感。绵羊对此病易感性较高，山羊次之。病羊和带菌羊为传染源，以呼吸道和消化道为主要传播途径，也可经创伤、蚊、蝇、虱叮咬等途径传播。此病多呈流行性发生，多发于每年的10月到翌年的4月。

【症状】病初精神不好，食欲降低，反刍停止，结膜充血，流泪，以后流出脓性分泌物。鼻腔流出浆液性鼻液，以后变为脓性。口流涎，并混有泡沫。体温41℃以上，脉搏、呼吸增数。咽喉部常肿大，呼吸困难，粪便松软带黏液或血液。孕羊常发生流产。有时病羊的眼睑、嘴、唇、颊部、乳房肿胀，临死前磨牙、呻吟、抽搐、怕惊。一般病程2~3天，如治疗不及时，多发生死亡。

【剖检变化】主要以败血性变化为主。各脏器广泛出血，尤以大网膜、肠系膜等最为明显。肺脏水肿、气肿，肺实质出血，肝实变；有时肺脏尖叶有坏死灶。肺脏常与胸壁粘连，胆囊肿大2~4倍。肾脏质地变脆、变软、肿胀、梗死，被膜不易剥离。各脏器浆膜面常覆有黏稠丝状的纤维素样物质。

【预防】

1. 加强饲养管理，抓膘，保膘，做好防寒保暖工作。勿从疫区购进羊只及其产品，疫区做好隔离消毒工作。

2. 每年秋季中后期用羊链球菌氢氧化铝甲醛苗进行预防接种，大小羊一律皮下注射3毫升，3月龄以下羔羊2~3周后重注1次，免疫期可达半年以上。

【治疗】早期应用青霉素或磺胺类药物。

1. 青霉素160万~240万单位肌内注射，每日2~3次，连用2~3日。

2. 磺胺嘧啶5~6克、碳酸氢钠1~2克，内服，每日2次，连用3~4次。以上用量如为小羊须减半。

十五、羔羊痢疾

羔羊痢疾是初生羔羊的一种急性传染病，其特征是持续性下痢。群众一般称为“下血”“拉稀病”“白痢”。本病常可使羔羊发生大批死亡。

【流行病学】病原体主要是产气荚膜杆菌的 B 型。沙门杆菌、大肠杆菌及链球菌也有一定的致病作用。本病原对一般常用的消毒药都较敏感。本病主要经消化道传染，多发生于 7 日龄以内的羔羊，每年立春前后发病率较高，病羔羊和带菌的母羊是本病的主要传染源。天气寒冷骤变能促进本病发生。

【症状】病羔羊精神沉郁，垂头，弓背，畏寒不食，常卧地不起，随后发生下痢，排绿色、黄色、黄绿色或灰白色的液状粪便，有恶臭，末期有的排血便，排便时里急后重，以后肛门失禁，流出水样粪便，高度消瘦，体温、呼吸、脉搏无显著变化，如不及时治疗往往于 2~3 天内死亡。如后期粪便变稠则表示病情好转，有治愈的可能，应抓紧治疗。

【剖检变化】尸体消瘦，可视黏膜黄白色，胃黏膜有脱落，胃和肠道充血、出血，肠黏膜上有坏死灶和溃疡等明显的出血性肠炎变化。

【预防】

1. 对怀孕后期的母羊要加强饲养管理，冬季做好保膘保胎工作。产房应保持清洁卫生，阳光充足，通风良好，温度适当，地面铺上垫草。羔羊出生后搞好护理，断脐时要搞好消毒。把初乳挤去数滴后再让羔羊吸吮。

2. 在本病流行地区的怀孕母羊，以羔羊痢疾甲醛菌苗预防，第一次在分娩前 20~30 天，在后腿内侧皮下注射菌苗 2 毫升；第二次在分娩前 10~20 天，于另一侧后腿内侧皮下注射菌苗 3

毫升，这样初生的羔羊可获得被动免疫。

【治疗】

1. 灌服6%硫酸镁溶液（应内含0.5%的福尔马林）30~60毫升，经6~8小时后再灌服0.1%的高锰酸钾液10~20毫升。未愈的可重灌高锰酸钾液1~2次。

2. 抗菌疗法：①磺胺脒1克、鞣酸蛋白0.2克、碳酸氢钠0.2克，每日2~3次。同时每天肌内注射青霉素80万单位，每日2次，至痊愈。②肌内注射氟苯尼考注射液，10~20毫克/千克，48小时重复注射1次。③肌内注射链霉素，20~30毫克/千克，每日1次至痊愈。④对症治疗：出现脱水的每日补液1~2次。心力衰弱的应强心。

3. 中药疗法：①去核乌梅6克、诃子肉9克、炒黄连6克、黄芩3克、郁金6克、神曲12克、猪苓6克、泽泻5克，将上药捣碎后加水400毫升，煎至150毫升，红糖30克为引，1次灌服30毫升，如还拉稀可再灌1~2次。②白头翁、秦皮、黄连、炒健曲、炒山楂各15克，当归、乌梅各20克，车前子、黄柏各30克，加水500毫升，煎至100毫升，每次灌服5毫升，每日2~3次，连用2~3天。③对急性昏迷的羔羊，可用朱砂0.3克、冰片0.1克、全蝎0.25克，温水灌服，可起急救的作用。

十六、坏死杆菌病

坏死杆菌病是一种畜禽共患的慢性传染病，又称传染性蹄炎。特征是受伤的皮肤、皮下组织和消化道黏膜发生坏死。

【流行病学】病原体是坏死杆菌，本菌是多形态的厌氧菌，革兰氏染色阴性。本菌广泛存在于土壤和动物的肠道、粪便中，抵抗力不强，对氧敏感。一般的消毒药均能杀死本菌。坏死杆菌广泛存在于自然界，常通过损伤的皮肤和黏膜感染，多见于低洼

潮湿地区和多雨季节，呈散发性和地方性流行。圈内潮湿或经常在泥泞路上或崎岖不平的碎石路上行走，可诱发本病。

【症状】本病常侵害四肢，病初多为一肢跛行；如前两肢患病，常靠球关节行走或腕关节爬行，后肢患病时患肢置于腹下；蹄间隙、蹄踵和蹄冠开始红肿热痛，而后溃烂，挤压肿烂部有发臭的脓样液体流出，随病情发展，可波及腱、韧带和关节，有时蹄匣脱落。病羊呈现长期跛行。本病一般呈慢性经过，严重时由于消瘦，内脏形成转移性坏死或继发感染而死亡。另外，羔羊发病时，往往还发生唇疮，在鼻、唇、眼部，甚至口腔发生结节和水肿，随后成棕色痂块。此病一般全身症状不太明显。

【预防】加强管理，保持羊舍的干燥，避免外伤发生，发生外伤时，应及时涂擦碘酒。放牧时尽量选择高燥的地方。

【治疗】发病后加强饲养管理，做好护理工作，保持蹄部清洁，适当补充精料及干草。可采取如下治疗措施：

1. 用食醋、3%的来苏儿或1%高锰酸钾液冲洗蹄部，或用6%福尔马林或10%硫酸钠液脚浴，然后用抗生素软膏或碘甘油涂抹。

2. 如发生转移性病灶时，应进行全身性治疗，可肌内注射10%磺胺嘧啶针剂10~20毫升，每日2次，连用3~5日。

3. 中药疗法：①陈石灰500克、大黄250克，先将大黄放入锅内加水一碗，煮沸10~15分钟，再掺入陈石灰搅匀炒干，将大黄除去，研为细面，撒于伤处，有生肌、消肿、散血、止痛之功。②用硼砂、黄丹各等份共研细末，用羊骨髓调匀涂擦患处。③有口炎症状时可用碘甘油（碘片1克，加入溶有碘化钾2克的蒸馏水5升中溶解，再加入100毫升甘油中）抹患处，或撒布冰硼散（冰片15克、朱砂18克、硼砂150克、元明粉150克，共研细末备用）。

十七、羊猝疽

羊猝疽是羊的一种最急性传染病。是由 C 型魏氏梭菌引起的一种毒血症，其特征为急性死亡、腹膜炎和溃疡性肠炎。

【流行病学】病原体为 C 型产气荚膜杆菌，主要存在于被污染的牧场土壤及病羊的皱胃和小肠的内容物中，主要经消化道传染。本病常发生于成年绵羊，以 1~2 岁较多，山羊和幼龄羊也可感染，但不多见。多发生于早春及夏秋，低洼沼泽地区常呈地方性流行。

【症状】潜伏期短，常见傍晚放牧时羊还很正常，但到第二天早晨即有病羊死于圈内。缓慢者可见病羊掉群、卧地、表现不安、衰竭、痉挛，数小时内死亡。

【剖检变化】剖检主要见于消化道和循环系统。十二指肠和空肠黏膜严重充血、糜烂，有的肠段可见大小不等的溃疡，有明显的腹膜炎症状。胸腔、腹腔和心包大量积液，心包液暴露于空气后可形成纤维素絮块。

【预防】常发地区应加强饲养管理，切忌过食，精、粗、青饲料要合理搭配，并要适当运动等。每年应在发病季节前按时注射“羊肠毒血症、快疫、猝疽三联苗”，不论羊只大小一律皮下或肌内注射 5 毫升。对已确诊的病尸，应挖坑深埋。及时转移羊群，消毒被污染的场地。

【治疗】急性的一般来不及治疗病羊就已死亡，对较慢的可早用青霉素或磺胺类药物。青霉素每只每次 160 万~240 万单位肌内注射，每日 3 次。磺胺嘧啶每只每次 5~6 克灌服，每日 2 次。中药可试用苍术 10 克、大黄 10 克、贯仲 5 克、玉片 3 克、龙胆草 5 克、甘草 10 克、雄黄 1.5 克（另包），前六味加水煎汤，最后加入雄黄灌服。

另外可根据情况对症治疗。

十八、大肠杆菌病

大肠杆菌病是由某些类型的致病性大肠杆菌所引起的人畜共患传染病。幼畜对本病易感，以严重腹泻和败血症为特征。

【流行病学】大肠杆菌为致病菌，是两端钝圆的中等大小的杆菌，无芽孢、有鞭毛、能运动，一般不形成荚膜，革兰氏染色阴性。为兼性厌氧菌，本菌抵抗力不强，50℃加热30分钟，60℃加热15分钟即死亡。对常用消毒药均敏感。大肠杆菌病主要经消化道感染，也可经脐带、产道传染。常为群发或呈地方性流行。多发生于数日至6周龄的羔羊，后备羊也有发生。潜伏期1~2天。

【症状】可分为败血型和肠炎型。

1. 败血型：多发生于2~6周龄的羔羊或3~8月龄的后备羊。发病急，死亡快（4~12小时死亡），呈菌血症，体温升高到41.5~42.5℃，出现脑神经症状，视力障碍，盲目行走，头弯向一侧做转圈运动，步态蹒跚。倒地头向后仰，一肢或四肢呈游泳状。口流泡沫，鼻流黏液。有的继发肺炎、关节炎等症。伴有轻微腹泻或未见腹泻即死亡。

2. 肠炎型：多发于7日龄以内的幼羔，病初体温升高到40.5~41℃，下痢后即下降。粪便为黄色或灰白色粥状或水样，内含气泡，混有血液或黏膜，病羊腹痛、虚脱，于24~36小时死亡。病死率15%~75%，有时见有化脓性纤维素性关节炎。

【病理变化】

1. 败血型：心包、胸、腹腔大量积液并有纤维性渗出物，脑膜充血有出血点，有的有关节肿大、肺炎等病变。

2. 肠炎型：消瘦，脱水，真胃、肠黏膜充血，内容物酸臭，呈黄色粥样或半液状。肠系膜淋巴结肿胀发红，有的可见化脓性关节炎。

【预防】发现病羊立即隔离，及时治疗。对已污染的场地、圈舍、用具、垫草等彻底清理干净并认真消毒。消毒可用3%来苏儿、0.3%抗毒威、0.3%~1%菌毒敌、生石灰粉等。平时应注意圈舍卫生，定期消毒，冬季注意保暖，对断奶羔羊的饲料中加入适量乳酸菌素、土霉素、呋喃唑酮、新霉素、磺胺类等药物进行预防。在母羊产前注射羔羊痢疾疫苗也有一定的预防作用。

【治疗】

1. 抗菌消炎：内服土霉素2~3克，每日3次，或肌内注射氟苯尼考、庆大霉素，每只每次5~10毫升，每日2~3次。或内服链霉素、磺胺类、呋喃类，以上药物交替使用效果会比较理想。

2. 对症治疗：可输液及饮服补液盐，补充体液，防止脱水。

第四章
羊的寄生虫病

一、螨病

螨病俗称疥癣病、癞或瘙，是由于螨（疥螨、痒螨）侵袭羊的皮肤引起发痒的慢性寄生性皮肤病。病羊以皮肤发生剧烈的痒觉、湿疹性炎症、脱毛、患部逐渐向周围扩延等为特征，并具有高度的接触传染性，往往在短期内可引起全群严重感染，使养羊业受到巨大的经济损失。

【流行病学】本病主要是由于健羊直接接触病羊或者通过被病源污染的厩舍、墙壁、用具等间接接触引起感染。羊螨多发生于秋冬时期，因这时阳光照射不足，羊舍阴暗，体表皮绒毛增生，湿度增高，这些条件有利于螨的发育繁殖，故其活跃性增强。反之，夏季羊体换毛、剪毛后，皮肤表面常受阳光照射，羊舍通风良好、干燥，不利于螨的发育，此时大部分虫体死亡，故夏季较少发病。饲养管理不当，卫生制度不严格，羊舍阴暗潮湿，羊只拥挤也是促使螨病蔓延的重要因素。

【临床症状】病状多发现于感染后 2~4 周。绵羊以痒螨病最为常见，危害亦最严重，病的开始多发生于密毛的地方，如背部和臀部等处。在秋冬季节，痒螨繁殖非常迅速，向体侧及全身蔓延，并很快地传播至整个羊群，尤其是幼小的良种绵羊极易感染。病羊奇痒不安，常向木柱、墙壁等处摩擦患部，患部的羊毛呈束状向下悬垂，患部皮肤初生红色针头至粟粒大的结节，然后形成水疱和脓包，患部的渗出液增多，皮肤表面湿润，最后结成浅黄色脂肪样痂皮。有些患部皮肤肥厚变硬，形成龟裂。病羊呈现贫血症状和高度的营养障碍，在寒冷的季节里，再加上皮肤光秃，常引起大批死亡。

山羊患疥螨病后，病灶主要发生在耳朵、腋下、鼠蹊、乳房、阴囊、四肢的屈面等无毛部或稀毛部的皮肤，严重时可扩散到全身，有的病例首先发生在唇、鼻和耳根部的皮肤。病状与绵羊相似。

【预防】主要是消灭畜体上和外界环境中的螨，以防止螨病的蔓延。

1. 加强饲养管理，不让羊只聚集在狭小阴暗和潮湿的厩舍里，对病羊改善营养。在常发区对健康羊要定期检疫，每年至少在春、秋两季各进行 1 次。在发病羊群中应当立即分成患病群、疑似病群及健康群，分别派专人进行治疗、预防和饲养等。

2. 注意羊舍和羊体表皮肤卫生，定期做预防处理。特别是流行区的羊只，要坚持每年剪毛后全部药浴 1~2 次。对未经检查隔离以及抗螨处理的新购羊只，不能引入羊群。在健康羊中发现病羊时，应立即将病羊和可疑病羊隔离治疗，所用过的羊舍、用具等也要及时进行消毒，病羊用过的厩舍应闲置 3 个月。死亡或扑杀的羊，其皮应浸于5%生石灰水中 20 小时以上，并随时翻动，干燥后利用。

【治疗】治疗羊螨必须采取综合性的防治措施。一方面对病羊进行隔离治疗，加强饲养管理，避免与健康羊接触；另一方面对健康羊进行药物预防，同时还要注意消灭羊体以外可能污染的圈舍、墙壁、用具等设施上的病原。应以早、小、体表与环境并重的治疗为原则，同时治疗过程中应注意重复治疗。

1. 涂药疗法：在治疗前，应剪去患部和健康部附近的毛，用温开水或3%来苏儿溶液擦洗患部，除掉患部表面的泥垢、鳞屑及痂皮，然后把药涂在洗刷干净的患部表面。对广泛感染的部分要分区、分次涂擦药物。2%敌百虫水溶液加上2%新洁尔灭溶液，擦洗2~3次即愈。也可用废机油涂擦患处，或用100克白凡士林加1毫升螨净，涂抹患处。

2. 药浴、药淋疗法：在夏季和天气温暖的季节里防治羊螨病多采用此方法。

（1）常用的药浴液：0.5%敌百虫水溶液、0.05%蝇毒磷溶液、0.1%螨净溶液等。其药液配制公式为

$$所需原药液的数量=\frac{所需配制后药液数量\times配制后的药液浓度}{原药液浓度}$$

（2）药浴池的建造（图1）：药浴池为长方形，似一狭而深的水沟，一般用水泥筑成。池的深度不少于1米，长约10米，池底宽30~60厘米，上宽60~100厘米，以一只羊能通过而不能转身为度。药浴池入口一端是陡坡，在出口一端则筑成台阶以便

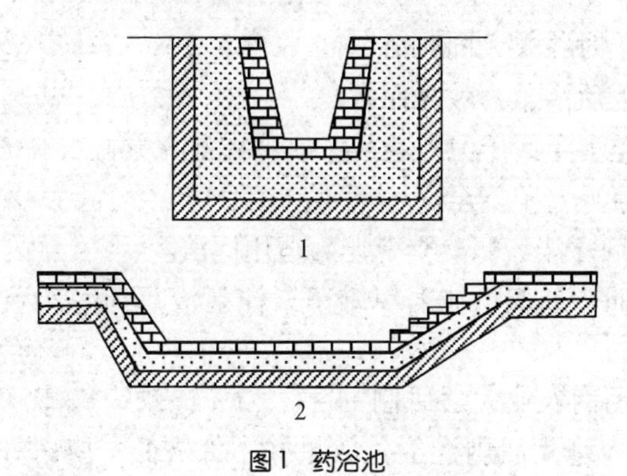

图1　药浴池

1. 横向剖面　2. 纵向剖面

羊只攀登。在入口一端设有羊栏，羊群在内等候入浴，出口一端设置滴流台，羊出浴后在滴流台停留一段时间，使身上多余的药液流回池内。羊栏和滴流台都要修成水泥地面。在药浴池的旁边砌有炉灶，安设水锅，附近应有水井或其他水源，以便烧水配制药液，灌入池内。

（3）羊药淋：羊药淋所需设备一般不用另外购置，可将羊赶到有羊床的舍内，用冲洗消毒机直接喷淋即可。此法工效高，节省劳力，疗效好，克服了以前药浴时羊只不主动入池，全靠人工强行抓赶以及容易造成伤亡等缺点，并能用于羊大群治疗和预防，有逐步取代药浴的趋势。

（4）药浴、淋浴需注意的事项：

①保证药浴、淋浴时间（保持 1~1.2 分钟）和次数（保持 2 次，每次隔 8~10 天），药浴要使羊体全漂浮在药液中，并且将头部压洗 5~6 次，做到周身全洗。压洗羊头要固定专人，要做到轻按、猛压、快取、勤扶，这样既洗得彻底，又能保证安全。

②配药必须使用软水，药浴液使用 2 天后，如浴羊过多，应及时更换。

③浴羊时牧羊犬同时浴。

④剪毛后浴羊，效高而省药。

⑤浴羊前半天羊只停止放牧，淋浴前充分饮水。

⑥注意人、羊安全。

3. 针剂疗法：寒冷季节尤为适用此法。

（1）肌内或皮下注射伊维菌素注射液每 30~50 千克体重 1 毫升。

（2）河南农业大学研制的 4%、1%特效螨病清注射液每千克体重 4~5 毫克肌内注射，效果好、价格低、使用方便，值得大力推广应用。

以上注射液用药 7 天后，若不见彻底好转，可再注射 1 次。

4. 服药疗法：口服或皮下注射浙江升华集团德清拜克生物有限公司生产的畜卫佳驱虫药，经试用对羊螨病疗效良好。

二、肝片吸虫病

本病是由肝片吸虫寄生在羊的肝脏胆管内所引起的一种吸虫病。羊在临诊上主要表现为慢性或急性肝炎和胆囊炎。

【流行病学】该病分布极广，往往呈地方性流行。目前国内已证实肝片吸虫的中间宿主有耳萝卜螺、折叠萝卜螺、斯氏萝卜螺、卵萝卜螺、小土蜗、截口土蜗六种贝类（螺蛳）。它主要危害羊和牛，其他牲畜如马、驴、骡、骆驼、猪、犬及兔等动物也可被侵害，人偶然感染此病。在多雨温暖的季节里，常造成本病的普遍流行，严重感染主要发生于秋季，在潮湿的年份里则发生于夏秋两季。长期在潮湿牧地和沼泽地带放牧，往往感染严重。临床上绵羊患本病多于山羊。

【临床症状】肝片吸虫病临床症状的表现程度主要取决于感染强度、动物健康状况、年龄及感染后的饲养管理条件等。成年羊若寄生少数虫体往往不表现病状，但对于羔羊，虽然寄生少数的虫体，也可能呈现极其有害的作用。

绵羊和山羊的急性型病状：在秋季羊只受到严重感染时，可发生急性型病状。病羊表现轻度发热，食欲减退，虚弱和容易疲倦，放牧时离群落后。有的出现腹泻、黄疸、腹膜炎。有时可摸到增厚的肝脏边缘，肝区有压痛，叩诊可发现肝脏浊音区扩大。而后迅速贫血，黏膜苍白。有的病例在几天后发生死亡。

绵羊和山羊的慢性型病状：这类情况最常见，表现为贫血渐渐加重，黏膜苍白，眼睑、颌下、胸下及腹下发生水肿，水肿逐渐严重，出现胸水和腹水。病羊消瘦，毛干易断，食欲消失。母羊乳汁稀薄，怀孕母羊流产，临死前出现下痢。

【预防】应采取综合性防治措施，根据流行病学资料，因时、因地制宜，突出重点，有计划、有步骤地开展防治工作。

1. 每年进行3次预防性驱虫：驱虫时间根据本病在各地流行的特点而定，原则上第一次在虫体大部分成熟之前20~30天进行，即成虫期前驱虫；第二次在虫体大部分成熟时进行，即成虫期驱虫；第三次在第二次后3个月进行。

2. 根据各地具体情况采取不同方法消灭中间宿主。

化学方法：一般采用1∶5 000硫酸铜溶液在低湿草场喷洒灭螺效果良好；茶子饼配成2%浸液喷洒，每平方米用10克，或每平方米用粉末10~30克做成撒粉，灭螺效果也很好。

物理方法：可结合草原或农田基本建设进行排水、改渠、翻耕、土埋性灭螺蛳；饲养鸭、鹅及保护野生水禽，以消灭螺蛳；利用粪便自身发酵产生物理热来杀死其中的虫卵。

3. 牧场预防：在大量感染季节，避免到低湿、沼泽等牧地放牧，可安排夏秋季在山地、高坡和无螺草场上放牧，冬春季到低湿牧地放牧。若低湿草场放牧不能避免，在流行季节，以一个半月为期实行轮牧。此外，也可固定羊群去低湿牧地放牧，每年定期驱虫。

4. 在潮湿牧地打草时，草茬留高一点，牧草要晒干。注意饮水卫生，防止污染水源，避免饮死水。病畜的肝脏要废弃深埋。在本病流行地区的带虫动物也要定期驱虫，以免散布病源。

【治疗】

1. 硝氯酚（拜耳9015），每千克体重4~6毫克，对60天以上的大片吸虫有100%的驱虫效果，此药不溶于水，可拌于精料中喂服，或用片剂口服。该药毒性低，用量小，疗效高。

2. 硫溴酚，绵羊每千克体重50~60毫克，山羊每千克体重30~40毫克，均1次口服。此药毒性低，疗效高，并对幼虫有一定效果。

3. 抗蠕敏（阿苯达唑），每千克体重 18 毫克，1 次口服，效果良好，治疗剂量对怀孕母羊无不良影响。

4. 碘醚柳胺，每千克体重 7.5~10 毫克，1 次口服，此药对成虫和幼虫效果都好。

5. 克洛杀（5%氯氰碘柳胺钠注射液），皮下注射，1 次量，每千克体重 5~10 毫克。本品对肝片吸虫幼虫效果良好，对怀孕母羊无不良影响。

三、羊绦虫病

羊绦虫病是由莫尼茨绦虫、曲子宫绦虫、无卵黄腺绦虫寄生在羊的小肠内而引起的，主要危害羔羊。由于这三类绦虫所引起的症状以及在发育史和流行病学等方面都基本相似，同时治疗方法也相同，在这里合并介绍。

【流行病学】莫尼茨绦虫病广泛流行于 1.5~8 个月的羔羊，羔羊和成年羊都可感染曲子宫绦虫，而无卵黄腺绦虫常见于成年羊。这三类绦虫以莫尼茨绦虫的致病力最强。以上三类绦虫在其发育的过程中都需要中间宿主地螨参加，虫卵被地螨吞食后，即可在地螨体内发育为似囊尾蚴，当羊在吃草时吞食了含有似囊尾蚴的地螨后，即感染绦虫病。因此，本病感染季节与地螨的季节数量变动有密切关系。地螨多在温暖和多雨的季节活动，夏秋两季较多，冬季和春季数量则较少，但在炎热而又干燥的环境，特别是气温升高到 30℃ 以上，又在阳光直射的情况下，地螨往往钻入泥土，等到天阴及下雨时，地螨才爬到地面上和草茎上。在潮湿的牧场上，几乎整个放牧季节内，牧场上均有地螨的活动，因此，早晚和雨后以及在潮湿的牧场上放牧，就容易受到侵袭。地螨的寿命为 14~19 个月，含有虫卵的粪便干燥时，经 40 天死亡率达 98%。

【临床症状】本病主要危害羔羊，成年羊一般为带虫者，病状不明显。本病轻度感染病状不明显，严重感染时，伴发消化紊乱、体弱、消瘦、贫血、水肿、发育不良、脱毛、腹部疼痛和臌气，还发生下痢，粪中混有孕卵节片，后来表现衰弱。有时虫体聚集成团，发生肠阻塞而死。有的表现不安、摇摆不稳，伴有四肢叉开，出现痉挛、肌肉抽搐和回旋运动等神经症状。在病的末期，病羊卧地不起，头向后仰，经常做咀嚼样动作，口吐白沫，精神极度委顿，反应迟钝，甚至消失，终至死亡。本病症状不特别，只做参考，应采取病羊粪便检查有无绦虫节片，或进行虫卵检查做出诊断。

【预防】

1. 实行科学放牧：感染季节避免在潮湿和大量地螨滋生的地区放牧，也不要在雨后或早晚有露水时放牧。有条件的地区，最好实行羊与马属动物轮牧。

2. 成虫期前驱虫：后述治疗药物对莫尼茨绦虫未成熟虫体有良好的驱除作用，所以采用成虫期前驱虫最为有利，既可防止发病，亦不致到处散播病原。根据各地感染情况，在感染高潮之前30~40天进行驱虫，驱虫后家畜转入清洁的草场放牧。

3. 成虫期驱虫：在感染高潮或转入舍饲50天后对带虫羊只进行再次驱虫。

4. 有计划地改造牧场：翻耕播种高质量的牧草，既可提高牧草数量和质量，又能大量减少或消灭地螨。

5. 保护幼羊：如条件许可，建议将断奶后的羔羊赶到两年内没有放过反刍兽的草场去放牧，对预防莫尼茨绦虫病有重要的意义。

【治疗】

1. 硫双二氯酚，每千克体重75毫克，配成悬浮液1次灌

服，对上述三类绦虫有高效。

2. 氯硝柳胺（灭绦灵），每千克体重 50~75 毫克（中度感染的羊群每千克体重用 50 毫克，严重感染的用 75 毫克）。大部分绵羊用药后 3~4 小时有轻度下痢，但在 5~6 小时内停止，幼年羔羊不论体重大小均用 1 克，配成悬浮液 1 次灌服，安全、效高。

3. 溴羟替苯胺，每千克体重 75~100 毫克，配成悬浮液灌服，对莫尼茨绦虫有很好的驱除效果。

4. 1%硫酸铜溶液灌服绵羊，剂量如表 3 所示。

表 3　不同年龄的羊灌服硫酸铜剂量

月龄	剂量（毫升）	月龄	剂量（毫升）
1~1.5	15~20	5~6	40~45
1.5~2	20~25	6~7	45~50
2~3	25~30	7~8	50~60
3~4	30~35	8~10	60~80
4~5	35~40	10 个月以上	80~100

山羊所用剂量比绵羊小，成年山羊不超过 60 毫升，此药仅对莫尼茨绦虫有效，由于1 次治疗最高只有 80%的疗效，所以应隔2~3周后再治疗 1 次。药液的配制须用蒸馏水或冷开水稀释，配制的容器不能用金属制品，药液要当天配当天用，以免变质。使用此药应注意投药前依据天气的热冷情况适当停止一段时间饮水，投药后 2~3 小时内不让羊只饮水或吃奶。用药后应留圈观察 2~3 天，圈内粪便随时清除并进行生物热除虫。发现中毒时，可用酸奶、鲜奶或氧化镁（大羊 5~10 克）进行解救。

5. 甲苯唑，每千克体重 10~15 毫克，配成悬浮液灌服，对绦虫有良效，兼驱肠道线虫。

6. 苯硫咪唑，每千克体重 5 毫克，配成悬浮液灌服，对莫尼茨绦虫有特效。

7. 吡喹酮（拜耳 8440），绵羊每千克体重 5 毫克，对莫尼茨绦虫有 100%的效果。对曲子宫绦虫和无卵黄腺绦虫每千克体重用药 15 毫克。

四、球虫病

球虫病是羊的一种急性接触传染性原虫病。其特征是：出血性腹泻、精神沉郁、体质衰弱、体重减轻，在粪便内可发现卵囊，病原为多种球虫。本病世界各地均有，给养羊生产带来较大的经济损失。

【流行病学】绵羊共发现 12 种球虫。球虫病通常是几种球虫的混合感染，但其中一种可能占优势。球虫的发育史包括两个阶段，即外生的和内生阶段。卵囊随粪便排泄到外界就是外生阶段的开始，在湿度适宜、温度 20～25℃ 的环境中，卵囊形成孢子，经过染色体减数分裂，形成 4 个孢母细胞，后者成熟后成为卵囊。以后每个孢母细胞又分裂成两个孢子，此时即具有侵袭力。当羊食入被侵袭性卵囊污染的饲料和饮水，就是内生阶段的开始。侵入肠道内的卵囊在其发育过程中将肠上皮细胞破坏而引起一系列病理变化。

【临床症状】本病羔羊多见，病羊最初排软而不成粒的粪便，后成液状，后躯被恶臭的粪便污染，招来许多蝇类，并会有蝇蛆侵害。有些病羊在其粪便内含有数量不等的血液，从直肠溃疡来的血液，其色泽鲜红，从盲肠来的则发黑并与粪便混杂。病羊努责，有时发生直肠脱出。腹泻数日，食欲缺乏，衰弱，脱水，体重减轻 5%～15%。病初体温升高，但很快降至正常或偏低。精神沉郁，不愿活动，常见躺卧。多半于发病后 3～4 天死亡。

【预防】球虫病暴发时单用药物治疗往往收不到满意的效

果，治疗必须配合预防措施。预防本病应从加强饲养管理和改善环境卫生方面着手。育成羊的牧地要宽广，防止拥挤。舍饲时，应给予优质青干草，防止消化紊乱和腹泻。饲槽及饮水器要定期清洗、消毒，防止被粪便污染。圈舍内必须保持干燥，应经常能够晒到太阳，其四周要有排水沟，圈内要经常打扫，及时清除污物，防止羊羔接触污染有卵囊的物品。亦可采用氯苯胍、敌菌净交替喂服或磺胺类药物拌饲及饮水，连用1~2周进行药物预防。对病重羊必须隔离治疗，以防病原扩散。

【治疗】

1. 每日每千克体重20~40毫克氯苯胍和每千克体重30毫克敌菌净，分2次喂服，交替喂服2周。

2. 磺胺甲嘧啶（SM_1）或磺胺二甲嘧啶（SM_2），每千克体重首次量0.2克，维持量0.1克，每12个小时服1次。同时应配等量的小苏打使用，连用3~4天。

3. 每天每千克体重0.55克氨丙啉粉，分2~3次内服（或拌饲内服），连服14~19天。

4. 20%呋喃唑酮（痢特灵）散，每日每千克体重0.2~0.5克，分3次内服。

5. 地克珠利，①预混剂（0.2%或0.5%两种），混饲，每吨料1克（按原药计，折合0.5%的200克）。②地克珠利溶液（0.5%），混饮，每升水1毫克（按原药计，折合0.5%的0.1~0.2毫升）。

五、羊泰勒焦虫病

羊泰勒焦虫病又叫羊梨形虫病，主要是由泰勒科的山羊泰勒焦虫引起的。临床上以稽留高热、体表淋巴结肿大、贫血为主要特征。此病为绵羊和山羊的急性季节性寄生虫病，可引起羊只大

批死亡。

【流行病学】据有关资料记载，本病具有明显的地区性和季节性，血蜱为本病的传播者，春秋季节气候温暖，血蜱活动频繁，是本病多发季节。不同品种和年龄的羊只均可致病，但输入的纯种羊比当地土种羊发病率高，绵羊与山羊发病率无明显的差别。在同一年内春季比秋季发病率高，冬羔比春羔发病率高。气候骤变，能使病情加剧。

【临床症状】病程多数呈急性经过，2 岁以下幼羊病势沉重，病程约 1 周，个别病羊突然发生死亡。体温升高到 41℃左右，呼吸浅而快，每分钟 60~80 次，有时还发鼾声。心跳加快，达 120~180 次，节律不齐。眼结膜开始潮红，继则苍白，并有轻度黄疸。采食减少至废绝，瘤胃蠕动减弱，病重者完全停止。个别病例直至死前仍有食欲。病初粪便干燥，后期拉稀，粪便中混有血样黏液，恶臭。少数羊有血尿。体表淋巴结肿大，尤以肩前淋巴结最为明显。病初肿大如鸽蛋，后如核桃，最大的有如鸡蛋，多数为一侧大，另一侧小，两侧都肿大者较少，触诊有痛感，初期较硬，随着病情的好转而逐渐变软，慢慢恢复正常。病羊迅速消瘦，精神委顿，放牧时离群落后，继则沉郁，低头耷耳，头伸向前方呆立，步态僵拘，步幅缩短，步伐不稳。后期虚弱，卧地不起，将头颈沿地面伸直，对周围事物缺乏反应，最后衰竭而死。病愈羊只恢复缓慢，并有脱毛现象。

【预防】根据当地血蜱的生活习性，制定综合性预防措施。

1. 消灭羊体上的蜱：在蜱寄生于羊体的时候，根据各地流行情况，可采用灭蜱药品定期处理羊体。平时发现羊体上的蜱要随时摘除并杀死。

2. 消灭羊舍内的蜱：对羊舍内外环境喷洒灭蜱药，堵塞圈舍缝隙和小洞。

3. 避蜱放牧：对放牧的羊群，在发病季节来到之前，提前转

移到没有该蜱的高山夏季草场放牧。贵重种羊可改放牧为舍饲。

4. 消灭外界环境的蜱：结合人工种草、改良土壤等措施，造成不利于蜱生存的条件，以消灭外界环境的蜱。

5. 加强检疫工作：输入或外运羊只，必须进行检疫，以免将病原带入或传出。特别是流行区的羊输入到没有传播蜱的地区，对羊只的检疫就显得十分重要。在疫区也要定期检查，及早发现，立即治疗。

6. 药物预防：在蜱的成虫侵袭羊体的季节，每隔 15 天用贝尼尔对易感羊只进行 1 次预防注射。

【治疗】

1. 国产贝尼尔，每千克体重 5 毫克，用蒸馏水配成 2%溶液，臀部深层分点肌内注射，每日 1 次，一般注射 3 次为一疗程，疗效为 100%。

2. 阿卡普林，每千克体重 2 毫克，用蒸馏水配成 1%溶液，皮下注射 1 次即可。

3. 血虫清注射液（0.5%盐酸吖啶黄注射液），肌内注射或溶于糖盐水中静脉注射，每千克体重 0.1~0.3 毫升，重复用药应间隔 24 小时以上，预防性注射可用低量，可保护 2 个月。

4. 同时应加强护理和采取强心、补液、健胃、清肝利胆等对症疗法。

六、羊鼻蝇蛆病

羊鼻蝇蛆病是由于狂蝇科的羊鼻蝇（又名羊狂蝇）的幼虫寄生于羊的鼻腔和与其相通的腔窦内而引起的一种慢性寄生虫病。我国产羊地区均有流行，主要危害绵羊，山羊受害较轻。

【流行病学与症状】雌蝇产幼虫时，羊只不安，表现摇头、奔跑、低头以鼻端靠近地面，或将头伸藏在其他羊只的腹下，影响羊只采食和膘情。

幼虫在鼻腔和额窦内活动的过程中，以口钩刺入鼻道、额窦、鼻窦，损伤黏膜引起炎症，甚至出血、化脓，于是有浆液、黏液、脓样鼻液，甚至鼻孔中流出带血的分泌物，严重时因鼻孔堵塞而呈现呼吸困难、打喷嚏，有鼻端擦地、摇头等症状。为此日久不能安息，使病羊消瘦，食欲减退。偶尔侵入脑腔，损伤脑组织，可发生神经症状——假性旋回病。病羊有力地摇头，运动失调，向左或右旋转，头弯向一侧，并在这种状态下保持很久时间，病的发作可能周期性地重复，病羊有时死亡。

【预防】在绵羊狂蝇幼虫病严重流行地区，要坚持每年对第一期幼虫驱虫，夏秋季节成虫飞翔产幼虫时，实行高山放牧和早晚放牧，中午赶到地势高、气候凉爽处休息。用2%精制敌百虫拌上废机油或其他油剂或油膏，涂在羊的鼻部和鼻孔，每5天1次，可起到驱避雌蝇产幼虫的作用。对贵重羊只，在成蝇侵袭季节可改为舍饲。

【治疗】

1. 每千克体重0.1克敌百虫，配成10%~20%的水溶液1次口服，对驱除绵羊狂蝇的第一期幼虫效果甚好，对第三期幼虫无效，故应把握好驱虫时间。

2. 采用40%敌敌畏乳剂，室内气雾每立方米用药1毫升，羊只吸雾15分钟，对窦外一期幼虫驱杀效果100%。

3. 夏秋季节应用3%煤酚皂（来苏儿）溶液或1%敌百虫溶液喷射羊只鼻孔，驱除第一期幼虫效果也很好，成年羊每侧鼻孔用药20~30毫升，小羊酌减。

4. 碘醚柳胺，每千克体重60毫克，配成悬浮液1次口服，可杀灭98%以上的羊狂蝇各期幼虫。

七、羊捻转血矛线虫病

血矛线虫病是捻转血矛线虫寄生于羊第四胃引起的疾病，捻转胃虫是羊的最大吸血者之一，虫体细线状，雌虫吸血后，肠管呈红色，缠绕在肠管周围的生殖器官为白色，这样就使虫体呈现白红如两股线搓在一起，形成红白相间的外观，故称为红白捻线胃虫，雄虫体长为10~20毫米，雌虫体长为18~30毫米。

【临床症状】

1. 急性型：多发生于1~2月龄的羔羊，以突然死亡为特征。羞明流泪，有湿润的泪痕斑，可视黏膜苍白，病程不超过4天。

2. 亚急性型：主要以贫血、水肿为特征。放牧时病羊离群落后，被毛粗乱，精神萎靡，羞明流泪，常见眼角下的皮肤上形成弯月状的湿润区，被尘土污染后结成黑色弯月状的泪痕斑，可视黏膜苍白，颌下和腹下水肿，拉稀，呼吸频数45~60次/分，肺有湿性啰音，心率增快至120~140次/分，严重时卧地不起，食欲不减。

3. 慢性型：多发于3月龄以上的羊，症状不明显，主要表现为精神不振、消瘦、羞明流泪、可视黏膜苍白，病程长达4个月以上，有的可治愈。

【剖检变化】血液稀薄色淡，皮肤、内脏、肌肉内贫血而显苍白，颌下淋巴结肿大，胸腹腔均有大量积液，呈淡黄色，肠系膜淋巴结肿大，如蚕豆状串联在一起呈索带形，切面水肿外翻，呈苍白色，肠脂肪变性，呈不规则的花纹或粒状，胆囊肿大，胆汁稀薄，真胃和十二指肠内可见大量虫体，呈毛发状。

【预防】

1. 在流行地区，应该定期进行预防性驱虫。1年进行2次驱虫，第一次可在春初，以减少对牧地的污染；第二次可在初冬，以保护羊只安全过冬。

2. 不在低湿草场放牧，不牧露水草，有条件的地方可实行轮牧。

3. 对羊群每月采粪检查，当发现线虫卵超标时，及时驱虫。

【治疗】

1. 丙硫苯咪唑，每千克体重 18 毫克，1 次口服。

2. 盐酸左旋咪唑，每千克体重 11 毫克，1 次口服；5%盐酸左旋咪唑，每千克体重 5 毫克，1 次皮下注射。

3. 敌百虫，每千克体重 50 毫克，1 次口服。

4. 克洛杀（5%氯氰碘柳胺钠注射液），每千克体重 0.2 毫升，皮下或肌内 1 次注射。

八、羊虱病

羊虱是属于虱目盲虱科的无翅昆虫虱，吸食羊血或食毛屑所引起的一种慢性外寄生虫病。主要寄生在山羊体表，有时也在绵羊身上寄生。

【临床症状】羊尤其是羔羊在被严重感染的情况下，体重减轻、贫血。羊因虱咬伤出现痒觉而不安静，啃咬皮肤，或在墙壁、栅栏以及其他物体上摩擦，从而磨损皮毛，造成创伤。羊虱侵袭部位的皮毛常变得干燥、粗乱，并易脱落。绵羊虱对细毛羊和半细毛羊危害较轻，对粗毛羊危害严重，尤其是营养不良的绵羊更为严重。

【防治】1%敌百虫水溶液或 0.05%～0.08%蝇毒磷水溶液（按有效成分计算）涂擦羊体。此外也用于蜱和螨的防治。

第五章
羊的内科病

一、口炎

口炎又名口疮，是口腔黏膜的炎症，包括舌炎、腭炎和齿龈炎。本病以流涎、拒食或厌食为特征。

【病因】

1. 卡他性口炎：主要因机械损伤所致，如粗硬尖锐的饲草饲料，各类尖锐的异物。其次是化学原因，如不适当地口服刺激性或腐蚀性药物，误饮某种消毒药等。

2. 水疱性口炎：一般是由于吃了霉变饲料所致。

3. 溃疡性口炎：主要是因口腔不洁，细菌繁殖，使黏膜糜烂而发生溃疡。口炎还并发于一些传染病和寄生虫病的过程中，如羊坏死杆菌病、羊痘等。

【症状】由于口腔黏膜敏感性增高，采食时常选择植物的柔软部分，小心咀嚼，或略经咀嚼又从口中成团地吐出。同样，由于炎性刺激，致唾液分泌增加，每当咀嚼时，口角有白色泡沫，或有大量唾液呈丝状从口流出。病羊拒绝检查口腔。口腔黏膜充血、肿胀，口温高，舌面常有灰白舌苔，口腔恶臭。口腔黏膜除炎性变化外，在唇、颊、硬腭、齿龈及舌等处可能有创伤，其中有的嵌留有芒刺等尖锐异物。

卡他性口炎是口炎初期的临床症状。

水疱性口炎可在病羊唇内、齿龈、口角附近或舌面出现大小不等的水疱，内含透明或黄色液体。破溃后形成边缘不整齐的糜烂。

溃疡性口炎在黏膜及齿龈上有糜烂、坏死或溃疡，齿龈易出血，口流灰色恶臭唾液。病羊颌下淋巴结及唾液腺有时呈轻微肿胀。

【治疗】首先要除去刺伤口腔黏膜的异物。不喂霉败变质饲料，给予易消化的饲料及清洁的饮水。

1. 用消毒收敛剂冲洗口腔：可选用 0.1% 的高锰酸钾、0.2%的雷佛奴尔溶液、2%的硼酸溶液冲洗后，涂上 1%的龙胆紫溶液，或涂上 1%的碘甘油。

2. 口中撒布青黛散：青黛、黄连、黄柏、薄荷、桔梗、儿茶各等份，研极细末备用。或用硼砂 9 克、青黛 12 克、冰片 3 克，共研细面，涂抹口舌。

3. 内服：

（1）甲硝唑片 0.2 克×4 片（孕羊忌用）、黄连素片 0.5 克×4 片、维生素 B_2 片 0.1 克×4 片、维生素 A 胶丸 2.5 克×2 丸，成年羊 1 日灌服 2 次。

（2）磺胺嘧啶片 0.5 克×8 片、小苏打片 0.3 克×12 片、维生素 B_2 片 0.1 克×4 片、维生素 A 胶丸 2.5 克×2 丸，成年羊1 日灌服 2~3 次。

二、食道阻塞

食道阻塞又名食道梗塞，中兽医称“草噎”，是食物团块、异物或块状饲料堵塞食道某部引起下咽、嗳气障碍的一种急性疾病。本病以突然发病和咽下障碍为特征。

【病因】多因过度饥饿，采食过急，采食中突然受惊吓，咀嚼不全，吞咽过猛，食团阻塞于食道而致病。阻塞物常为块状饲

料，如甜菜根、马铃薯、甘蓝根、甘薯、萝卜及西瓜皮等。有时也可因异物引起，如瓶盖、毛巾、布片、毛线球等异物。

【症状】羊只在采食中突然发病，停止采食，恐惧不安，张口伸颈，流涎，不断做呕吐或吞咽动作。

如果颈部食道阻塞时，常在左侧颈静脉沟处，看到局部臌胀，手触可感异物。羊的阻塞常发生于颈部食道或胸部食道。若为食道完全阻塞，由于嗳气受阻，瘤胃中气体不能排出，则迅速发生瘤胃臌气，引起腹痛起卧、呼吸迫促等症状。

【预防】定时定量饲喂，防止过度饥饿、采食过急。合理调制饲料，饼类要泡透，块根类饲料要切碎。避免到有块茎的饲料地里放牧。平时要加强块状饲料的保管，防止羊偷食。有抢食恶习的羊只，应加强管理。

【治疗】治疗原则：尽早治疗，及时排出食道阻塞物。

治疗方法：根据阻塞物的性质和阻塞的部位以及病情，可选用下列方法：

1. 挤压吐出法：羊食道阻塞多数是在近咽腔处。首先用胃管灌石蜡油 100~300 毫升做滑润剂，再戴上开口器，将病羊妥善保定，一人用双手在食管两侧将阻塞物推向咽部，另一人用手或钝钳伸入咽内取出。手不易取出时，可用铁丝套环套出。

2. 推进法：若阻塞物在胸部食道，通过胃管先灌入 2%的普鲁卡因溶液 10 毫升，经 10 分钟左右，灌入石蜡油 100 毫升之后，用胃导管缓慢推进，将食物顶入胃中。

3. 打气法：在灌普鲁卡因和少量石蜡油后，将胃管插入食道，其外端接上自行车打气筒，一人握住胃管将其顶到阻塞物上，助手猛打气三五下，术者趁势推动胃管，有时可将阻塞物推入胃中。

4. 打水法：是将普通胃管插入食道，抵于阻塞物上，胃管外端接上灌肠器，急速打水数下，可将阻塞物冲下。如仍未冲下，休息片刻，再重复操作。

5. 手术疗法：上述疗法无效，可行手术疗法，切开食管，取出阻塞物。

6. 辅助措施：当继发瘤胃臌气时，应进行瘤胃穿刺放气；病期较长时应给羊输液。

三、前胃弛缓

前胃弛缓，中医称脾虚慢草，是前胃神经兴奋性降低，收缩力减弱，食物在前胃不能正常消化和向后移动，因而腐败分解，产生有毒物质，引起消化功能障碍和全身功能紊乱的一种疾病。临床上主要表现为食欲减少，前胃蠕动减弱或停止，反刍停止（俗称“不倒沫”），反刍不完全（俗称“倒不透沫”）和嗳气等。

【病因】原发性多由于体质衰弱，加之长期饲喂劣质粗硬、混有泥沙以及纤维过多难以消化的饲料（如豆秸、玉米秸、甘薯蔓等），致使前胃先过度兴奋，而后转为弛缓，或长期饲喂柔软的精料（如麸皮、煮熟了的马铃薯及各种精料等），对胃黏膜神经感受器的刺激不足，而发生此病。另外，草料骤变，运动不足，都可以引起前胃弛缓。

继发性前胃弛缓多见于牙齿疾病、瘤胃积食、瓣胃阻塞、网胃炎、真胃炎、真胃溃疡、腹膜炎，以及某些寄生虫病、传染病、代谢病、维生素缺乏症、产科病等。

【症状】由于致病因素不同以及病羊个体差异，病的程度和病理变化、症状也不一致，但基本特征则为前胃消化不良。

急性前胃弛缓发病后，病羊食欲减退，有时出现食欲异常，如喜吃粗料而不吃精料，拒食酸性饲料或只食适口性强的饲料等。随着食欲的变化，出现反刍无力，次数减少，甚至停止，而

且出现间歇性瘤胃臌气。

病羊的体温、脉搏、呼吸一般正常，但病到后期脉搏变快而弱，在出现瘤胃臌气时，呈现呼吸困难。

病期延长，口色青白，鼻镜干燥，精神极度沉郁，眼窝下陷，倦怠无力，毛焦肷吊，四肢浮肿，常常伏卧。

触诊瘤胃，其内容物常为柔软感觉，无抵抗力，无指压痕迹遗留。听诊瘤胃蠕动音，初期减弱，后期停止。粪便初期干硬、色暗，有时表面附有黏液，后期则排恶臭稀粪，或便秘和腹泻交替发生。

慢性前胃弛缓，病羊初期可保留一定食欲，但反复出现食欲反常现象，进而呈现异嗜癖。病期常呈现周期性的好转与恶化交替现象。病羊逐渐消瘦，全身衰弱无力，被毛蓬乱，皮肤干燥，失去弹性。瘤胃周期性或慢性臌气，嗳气恶臭，便秘和腹泻交替发生。严重时呈现贫血与衰弱，甚至死亡。

【预防】前胃弛缓的发生与错误的饲养管理有密切关系，故在预防本病时，主要在于改善饲养管理，合理调配饲料，不喂霉败、冰冻等品质不良的饲料，不突然更换饲料，保持羊舍卫生，加强运动增强体质，并应及时治疗原发病。

【治疗】治疗原则：消除病因，兴奋瘤胃蠕动，改善饲养管理，促进食欲和反刍的恢复。

1. 生物疗法：从健羊口中或刚宰杀的健羊胃中取反刍食团或胃内容物，也可用胃管吸取健羊的瘤胃液，加少量温水给病羊灌服，以接种纤毛虫为目的，帮助病羊恢复前胃功能。

2. 药物疗法：为了增强瘤胃蠕动，促进食欲和反刍的恢复，可选用如下疗法：①龙胆酊 5~15 毫升、番木鳖酊 2~4 毫升、稀盐酸3~5毫升、胃蛋白酶片 2~4 片，加常水适量 1 次灌服。②龙胆末 4 克、番木鳖酊 3 毫升、人工盐 10 克、温水 150 毫升混合，1 次内服，羔羊用量酌减。③龙胆末 3 克、番木鳖酊 3 毫升、姜

粉3克、酵母片0.5克×20片、碳酸氢钠0.3克×15片，加温水适量，1次内服，羔羊量酌减。

对顽固性前胃弛缓可皮下注射硝酸毛果芸香碱针10～50毫克。

为了制止胃内容物的发酵和排除胃内容物，可用乙醇鱼石脂（鱼石脂2克，加乙醇10毫升化开）、人工盐10～30克、姜酊20毫升，加温水适量1次内服。

根据羊只体质也可静脉滴注10%葡萄糖注射液，加10%葡萄糖酸钙注射液30～50毫升，另滴注5%碳酸氢钠注射液250毫升；或静脉注射促反刍液100～300毫升（每500毫升含氯化钠25克、氯化钙5克、安钠咖1克，用时计算配制），1次静脉注射。中药以扶脾健胃为主，可用扶脾散或大戟散治疗。针刺疗法，可选用脾俞、知甘、百会、苏气、山根、尾尖等穴位。

3. 单方：食醋50～100毫升，1次口服。山楂、麦芽、神曲各50克研末灌服。

四、瘤胃积食

瘤胃积食也叫急性瘤胃扩张，中兽医称宿草不转，是由于采食大量难以消化、易膨胀的饲料，致使瘤胃容积增大，胃壁扩张而引起严重消化不良的病症。特征是瘤胃充满，质地坚实，瘤胃蠕动减弱甚至消失。本病多发生于舍饲或瘦弱羊。

【病因】主要是贪食过多的草料所造成。饲养管理不当，如草料供给不及时，时饥时饱，突然更换草料或因长期舍饲之后，转入丰美的草场造成贪食过量。羊偷食过量饲料，大量给食流体食物，也易引起本病。

草料、饮水品质不良，如沙石含量过多，往往沉积于瘤胃下囊，体质衰弱，运动不足，牙齿疾病，以及维生素缺乏等都可导

致本病的发生。此外，前胃弛缓、瓣胃阻塞、创伤性网胃炎、真胃炎、真胃变位都可严重地影响瘤胃的运动功能而继发本病。

【症状】饲喂或采食后数小时，病羊表现不适，食欲、反刍减少继而停止，出现磨牙、呻吟，嗳气较臭，有时可见到空嚼或流涎，个别或许见到呕吐现象。

病羊拱腰低头，四肢集于腹下或张开，摇尾顾腹不安，腹围膨大，左肷充满。触诊瘤胃，病羊表现疼痛，腹壁紧张，内容物呈面团状，以拳压痕恢复较慢，深部有坚实感。

叩诊其音响与瘤胃积聚的饲料有关，干饲料积聚引起的，叩诊呈浊音，多汁饲料或易膨胀的饲料引起的，叩诊呈半浊音。

听诊病初瘤胃蠕动音增强，而后减少至消失。

在病程中，病情加重时，表现呼吸困难、结膜发绀、脉搏增数，若无并发症，体温正常。

因过食大量豆谷精料所引起的积食，通常呈急性，主要表现为中枢神经兴奋性增高、视觉障碍、侧卧、脱水及酸中毒症状。

【预防】防止羊只过食，定时定量饲喂，日常搭配饲料要适当，不要突然更换饲料，避免到刈割后的再生麦地放牧，舍饲羊只要注意运动就可达到预防的目的。

【治疗】治疗原则：以排除积食、抑制发酵、兴奋瘤胃、恢复功能为主。若病情严重，用药难以消除者，可施行手术疗法。

1. 按摩疗法：每天在饮水或投水以后，进行瘤胃按摩，每天可进行多次，每次10~20分钟，借以恢复瘤胃的蠕动功能。

2. 洗胃疗法：将胃导管投入羊瘤胃中，外部导管位置放低让胃内容物外流。不流时，可灌入适当温水，用手按摩瘤胃予以配合，再将外部导管头放低让其胃内容物外流，如此反复数次即可。而后再灌入碳酸氢钠片 0.3 克×50 片、人工盐 50 克、酵母片 0.5 克×50 片，健康羊胃液适量，一般 1 次即愈。

3. 药物疗法：

（1）静脉注射促反刍液。

（2）酒石酸锑钾 0.5~1 克、乙醇 5~10 毫升，加水 100 毫升，1 次内服。

（3）硫酸钠 50 克、大黄苏打 0.3 克×50 片、鱼石脂 2 克、陈皮酊 30 毫升、石蜡油 200 毫升，1 次灌服，羔羊酌减。

（4）中药可服用三仙硝黄散，体弱者可服用黄芪散。

（5）严重的瘤胃积食，经药物或洗胃治疗效果不好时，应早期做瘤胃切开术。本病用药物治疗时应注意禁食，但应给足够的饮水。病情恢复期间，应逐渐给予适量柔软易消化的饲料，并要加强羊只运动，临床症状改善后，接种正常的羊瘤胃液具有良好的效果。

五、瘤胃臌气

瘤胃臌气中兽医称气胀、肚胀，是由于过量采食易于发酵的饲料和食物，在瘤胃细菌的参与下异常发酵，迅速产生大量的气体，致瘤胃的容积急剧增大，胃壁发生急性扩张，并呈现反刍和嗳气障碍的一种疾病。主要发生于初春以及夏季放牧的绵羊，山羊发生较少。

【病因】羊瘤胃臌气在临床上分为原发性和继发性两种。

原发性瘤胃臌气主要是食入大量的易发酵的饲料，如初春的嫩草、开花前的苜蓿、青贮饲料，以及块根饲料、豆科植物等，于短时间内形成大量的气体而致病。或过食大量难消化而易膨胀的豆饼、豌豆，雨后放牧吃了带水的青草，特别是豆科植物，霜冻、腐败变质的饲料，以及有毒植物等，也易引起瘤胃臌气。

继发性瘤胃臌气，多见于前胃弛缓、前胃疾病和食道阻塞等疾病过程中。

【症状】原发性瘤胃臌气，常于采食易发酵的饲料后迅速发病，15 分钟之后就产生臌气，发病后的症状是左腹部急剧膨胀，严重者可突出于背脊，病羊疼痛不安，回顾腹部。叩诊左腹部呈现鼓音，按压腹壁紧张，压后不留压痕。

病羊食欲、反刍与嗳气很快完全停止。在臌气初期，瘤胃蠕动增强，但很快减弱，甚至消失。

病羊由于瘤胃臌气，造成呼吸困难、结膜发绀、心动亢进、脉细数，但体温正常。

病重时，张口流涎，伸舌吼叫，眼球突出，站立不稳，行走摇晃，全身出汗，最后倒地不起，常因窒息或心脏麻痹致死。

继发性瘤胃臌气，常因原发症状的缓解与严重呈现间歇性臌气。

【预防】

1. 在春季由舍饲转入放牧时，应先在枯草的草场上放牧，而后再转到青草的草场上；或限制采食时间，避免过多地采食青草。

2. 雨后或早起露水未干前，不出场放牧，或限制放牧时间。

3. 喂多汁易发酵的饲料，应定时、定量，喂后不可立即饮水。

【治疗】治疗原则以消胀、止酵、泻下、恢复瘤胃功能为主。若为继发性瘤胃臌气，应首先排除原先病因。

1. 从羊鼻孔（或用开口器从口中）插入胃导管（手摸颈部气管后，应能摸到），注入液体石蜡油 50~100 毫升，助手让羊扒在羊栏上，术者按摩瘤胃，排出气体。观察 10~20 分钟，若不再臌气，取出胃导管即可。

2. 臌气严重时应立即行瘤胃穿刺放气。放气后可用鱼石脂、乳酸各 2 克，陈皮酊 30 毫升溶化后再加适量温水注入瘤胃中制止发酵。并注射青霉素 160 万单位，长效阿莫西林 5~10 毫升，防继发腹膜炎。

3. 泡沫性臌气，可先加入液体石蜡油 50~100 毫升，按摩瘤胃，再行放气，放气后再注入青霉素200万单位、鱼石脂2克、松节油2毫升、陈皮酊30毫升（鱼石脂用陈皮酊溶解后一并注入）。也可先注入棉油或煤油20毫升，对泡沫性臌气也有良效。

4. 液体石蜡油30~40毫升、芳香氨醑3毫升、松节油2毫升、樟脑酊2毫升，混合，加温水适量，成羊1次内服。

5. 硫酸钠30~40克、鱼石脂2克、陈皮酊30毫升，加温水500毫升，成羊1次灌服。

6. 中药可服用木香顺气散。

7. 将椿树棒系在羊嘴中，使其咀嚼（也可在树棒上涂上鱼石脂或松节油），促进嗳气排出。

六、创伤性网胃炎

创伤性网胃炎是一种由于金属尖锐异物进入网胃，导致网胃损伤及炎症的疾病。有人调查本病成年羊发病率为2%，羔羊为0.1%。

【病因】由于各种金属丝、铁钉、缝衣针、别针等异物通过不同方式混入饲料或饲草，被羊只食入胃内并刺伤胃壁而致病。

【症状】根据网胃损伤的部位和程度以及有无继发症等，其临床表现有所不同。

1. 呈顽固性消化不良症状。食欲、反刍减少或停止，或时好时坏，网胃蠕动音减弱甚至消失，时常臌气，使用兴奋瘤胃蠕动的药物治疗不但无效，反而加重。

2. 异物刺伤网胃后，网胃压痛敏感，出现颤抖，特别是肘肌震颤明显，磨牙呻吟，初期体温升高。

3. 病羊行动和姿势异常。如行走小心谨慎，爱走软路，左肘头外展，站立时往往取前高后低姿势，卧时不愿卧，起时不愿起，还表现上坡容易，下坡难，或横身行走。

4. 疼痛敏感试验阳性。手抓鬐甲部疼痛敏感，有时咩叫、呻吟，严重时可倒地。触诊网胃区敏感。

5. 若羊只抵抗力很强，刺入胃壁的异物被机化，症状可以缓和，但当腹压增大或用瘤胃兴奋药物后症状又突然出现。

6. 异物穿破网胃，若刺入腹膜可引起局限性腹膜炎或发展为弥漫性腹膜炎；若刺入膈膜，则可引起膈脓肿、膈疝，出现膈肌附着线疼痛敏感；若刺入心包则引起创伤性心包炎，出现相应症状。

【预防】杜绝饲料、饲草中混入金属异物。饲养员投料、加工饲料时着工装，不得佩戴发卡、头针、胸针、领卡等小件饰物。舍饲时料槽底部安装磁铁，或使用磁性拌料棍，避免羊食入金属异物。

【治疗】治疗方法有保守疗法和手术疗法。

1. 站立疗法：让羊只取前高后低位置，使腹腔压力减小，促使异物退回原位，同时成年羊肌内注射青霉素 80 万~160 万单位、链霉素 50 万单位，连续 3 天，在症状出现 24 小时以内效果较好。

2. 用磁铁吸取金属异物，同时配合内服抗生素治疗。

3. 手术疗法：对价值较高的羊只可进行瘤胃切开术取出异物。

七、胃肠炎

胃肠炎中兽医称为肠癀，是胃肠黏膜及其深层组织发生的炎症。羊多以肠炎为主。

【病因】由于饲养失宜，饲料品质粗劣，饲料调配不合理，饲料霉败，食入有毒植物以及化学性毒物，饮水不洁，食入大量青绿饲草；羊舍卫生不良，风吹雨淋，寒夜露宿，以及在治疗方

面用药不当或泻药剂量过大都可成为其病因。另外，发生于某些传染病和寄生虫病（如羊鼻蝇蛆、球虫病等）病程中。

【症状】病羊精神不振，食欲及反刍减少或消失，皮温不整，鼻干燥，经常有口腔炎及大量唾液流出。脉搏及呼吸加快，瘤胃蠕动缓慢，有时发生轻度臌气，瘤胃蠕动有时加剧，常有嗳气现象。触诊腹部有疼痛感，腹部初期膨胀，后期卷缩，泻粪稀软或水样，恶臭或腥臭，羊尾常常被粪便污染。腹泻时肠音增强，病至后期，则肠音减弱或消失。当炎症主要侵害胃及小肠时，肠音则逐渐变弱，排粪减少，粪干色暗，常有黏液混杂，后期才出现腹泻。

继发性胃肠炎，首先出现原发病症状，而后呈现胃肠炎症状。

【预防】要注意草料的质量，不喂霉败变质草料，饲喂要定时、定量，防止争食和饥饱不均。饮水要清洁，防止暴饮，冬季给饮温水。不要空腹大量进食青绿饲草，要定期驱虫。

【治疗】首先要查明病因，排除病因。治疗原则是清理胃肠，保护肠黏膜，制止胃肠内容物腐败发酵，维护心脏功能，消除毒素，预防脱水和加强护理。

1. 人工盐 15 克、石蜡油 30 毫升，成年羊 1 次内服。而后灌磺胺脒 0. 25 克×8 片、小苏打 0. 3 克×8 片、次硝酸铋 3 克混合液，成年羊 1 次内服，日服 3 次。

2. 拉水样便时，磺胺脒 4 克、小苏打 4 克、次硝酸铋 3 克、鞣酸蛋白 2 克、活性炭 20～40 克，成年羊 1 次内服，严重者还可肌内注射硫酸阿托品止泻。

3. 氟苯尼考注射液按每千克体重 10～20 毫克（0. 1～0. 2 毫升）1 次肌内注射，间隔 48 小时再注射 1 次。

4. 硫酸庆大霉素 8 万单位×1 支、1%硫酸黄连素 10 毫升×1 支，后海穴注射。

5. 羔羊腹泻可用链霉素50万单位口服，每天服1~2次。

6. 脱水时，糖盐水500毫升、10%安钠咖2毫升、40%乌洛托品5毫升，1次静脉注射。严重脱水时还需补钾、补碱、补维生素。

7. 中药可服用白头翁汤、郁金散、乌梅散等治疗。

八、羔羊消化不良

羔羊消化不良是一种常见的消化道疾病。本病的特征主要是明显的消化功能障碍和不同程度的腹泻。羔羊到2~3月龄以后逐渐减少。

【病因】目前普遍认为：除母羊饲养管理不当外，新生羔羊吃不到初乳或吃初乳过晚，初乳品质不佳；哺乳母羊患病，母乳中含有病理产物和病原微生物，母乳中维生素，特别是维生素A、维生素B、维生素C不足或缺乏；羔羊机体受寒或羊舍过于潮湿，卫生条件不良；人工给羔羊哺乳不定时、不定量，后期给羔羊补饲不当等都可引起消化不良。

【症状】羔羊消化不良多发生于哺乳期，主要症状是腹泻。

羔羊发生消化不良时，粪便多呈灰绿色，且其中混有气泡和白色小凝块（脂肪酸皂）。此外，粪便带有酸臭气味，且混有小气泡及未消化的凝乳块及饲料碎片。肠音响亮，并有轻度臌气和腹痛现象。心音增强，心搏增速，呼吸加快。持续腹泻时，由于组织、细胞缺水则皮肤干皱且弹性降低，被毛蓬乱失去光泽，眼球凹陷。严重时站立不稳，全身战栗。

中毒性消化不良：病羔精神沉郁，目光呆滞，食欲废绝，全身衰弱无力，躺卧于地，头颈伸直向后仰，严重时频排水样稀便，粪内含有大量黏液和血液，并呈恶臭或腐臭气味，持续腹泻时，肛门松弛，排粪失禁。病至后期，体温突然下降，四肢及耳

尖、鼻端厥冷，终至昏迷而死。单纯性消化不良体温一般正常或偏低。

【预防】主要是注意饲养管理，定时、定量、定温饮喂，保持圈舍及饮喂用具清洁卫生，冬春寒冷季节要做好防寒保暖工作。舍饲羔羊应适当运动，获得一定阳光。要保证母羊怀孕期及哺乳期的营养需求，注意补充维生素类。

【治疗】治疗原则：应改善卫生条件，加强饲养，注意护理，维护心脏功能，改善物质代谢，抑菌消炎，促进消化，防止酸中毒，制止胃肠的发酵和腐败过程。

1. 禁食8~10小时，喂以温生理盐水或葡萄糖生理盐水。

2. 消化不良，腹泻肚胀，可用助消化药乳酶生1~2克、酵母片2克加温水混奶内喂服，或胖得生1~1.5克混奶内喂服，效果良好。

3. 严重腹泻，粪色灰暗，除服用助消化药外，肌内注射氟苯尼考注射液每千克体重0.1~0.2毫升，2天1次，连用2次；新霉素每千克体重0.01克，每日分3次内服。脱水时静脉注射糖盐水250~300毫升，10%安钠咖1毫升。

4. 如母羊乳汁不足或母羊因病不能哺乳时，可给哺人工初乳（鱼肝油10~15毫升、氯化钠10克、鲜鸡蛋3~5个、新鲜牛乳1 000毫升，混合搅拌均匀），羔羊50~100毫升。开始给正常量的1/4，以后逐增至1/3~1/2，并用温开水稀释一倍左右喂给。

5. 中药白苦汤、白龙散、黄金汤也有较好疗效。腹泻过久体质虚弱者服用归芍汤有良好效果。

九、羔羊肠痉挛

羔羊肠痉挛是因不良因素刺激使肠平滑肌痉挛性收缩而发生

的一种间歇性腹痛。本病多发生在羔羊哺乳期，特别是开始学会吃草时；饮水和反刍时发病率最高。

【病因】寒冷刺激是发病的主要原因。气候剧变，羔羊遭受寒冷刺激或羔羊舔食冰雪和采食冰冻饲料，人工哺乳温度过低，遭受雨淋等都可使之发病。

饲养管理不良，给羔羊补饲腐败的奶及奶制品，或吃了霉败和难以消化的饲料。母羊营养不良，乳汁分泌不足或营养成分降低，羔羊经常处于饥饿状态，使之耐寒能力差。

羔羊慢性消化不良，也往往是肠痉挛的致病因素。

【症状】病羔耳鼻俱冷，体温正常或偏低，结膜苍白，背拱而立或蜷曲而卧。突然发作腹痛，回头顾腹，后肢蹴踢，有时做排尿姿势。严重腹痛时，急起急卧，或前肢跪地，匍匐而行；有的突然跳起，落地后就地打滚、转圈或顺墙疾行，咩叫不已，持续约十分钟，又处于安静状态；有的表现腹胀、下痢、口流清涎，有的在疼痛停止时，又出现食欲。

【预防】加强母羊饲养管理，注意羔羊保暖，调整母羊出牧时间，避免羔羊过于饥饿，禁食品质不良饲料。

【治疗】治疗原则：驱寒镇痛。

1. 姜酊10~20毫升或复方樟脑酊5毫升加温水灌服。

2. 肌内注射1%阿托品1毫升。

3. 体温过低的病羔，可先肌内注射樟脑油2毫升。

4. 民间土法，常将腹痛病羔放在热炕上或用烧热的砖或热水袋热敷腹部，同时灌给热奶或温水，也可收到满意效果。

十、羔羊皱胃毛球阻塞

羔羊皱胃毛球阻塞是绵羊因某些营养物质缺乏而舔食羊毛，在胃肠中形成毛球，引起消化紊乱和胃肠道阻塞的一种代谢病。

本病多发生在秋末冬初，气温下降，羊毛需要快速生长的时期，并且在细毛及杂种羔羊中最为常见。常见造成羊毛损耗和羔羊死亡。

【病因】一般认为，基本原因是由于母羊及羔羊日粮中维生素和矿物质不足而引起代谢紊乱，致使羔羊对被粪尿污染部位的被毛表现一种病态的贪食，因此，本病又称“绵羊食毛癖”。

冬末春初，牧草干枯，给母羊长期饲喂被雨淋过的陈旧干草或酒糟等营养不全的饲料；母羊泌乳不足或停止，乳汁营养成分降低；乳腺炎或羔羊消化不良；羊群密度过大等，都可促进本病的发生。

有人提出，日粮中含硫氨基酸缺乏是引起本病的主要原因。若母羊营养不良、乳汁不足则直接影响羔羊对营养物质的需要，在缺乏胱氨酸时出现食毛癖。

羔羊将羊毛簇食入口中，略经咀嚼，即成团咽下，在胃内又经黏膜液渗透，随着胃的蠕动，可滚转成球，或与胃内的植物性纤维缠搅，逐渐形成团块，即成毛球。毛球多滞留在瘤胃和网胃中；哺乳羔羊多在真胃中，有些细小的毛球可同时成串地进入肠道。毛球若仅在羔羊的瘤胃和网胃中，一般没有明显的全身变化；如果毛球卡在真胃和肠道中，尤其是毛球阻塞了真胃幽门，即表现一系列症状，甚至造成死亡。

【症状】起初，只有个别羔羊表现异嗜癖，之后，则有多数羔羊表现异嗜癖。羔羊经常咬母羊的股、腹、尾等部被粪尿污染的毛，或拣食脱落在地上的羊毛；同时还有舔食墙土现象。有时，在母羊卧地休息时，羔羊站在母羊身上啃咬，或羔羊互相啃咬被毛。严重时，可在羊群中看到有些母羊有大片秃毛。

病羔被毛粗乱、焦黄，食欲减退，经常下痢，贫血，日渐消瘦。当毛球阻塞幽门或肠道时，食欲废绝，肚胀，不排粪，磨牙，流涎。有时表现腹痛症状。

触诊腹部，在皱胃或肠道中可摸到有枣核至拇指大小的硬韧物，同时羔羊表现压痛。

【预防】当出现羔羊食毛时，应与母羊隔离，仅在哺乳时允许接近，同时按上述方法补饲。调整母羊饲料，给以全价日粮。注意羊舍卫生，及时清除脱落的羊毛。

【治疗】治疗原则：调整饲料，进行补饲。

1. 可做分组饲喂试验，即将可能缺乏的物质（骨粉、磷酸钠、草木灰、碳酸氢钠等）分别放在几个敞箱中，观察羔羊最喜欢吃哪一种物质，据此进行补饲。

2. 食盐 40 份、骨粉 25 份、碳酸钙 35 份，或者骨粉 10 份、氯化钴 1 份、食盐 1 份、微量元素 1‰，混合，掺在少量麸皮内，置于饲槽，任羔羊自由舔食。

3. 在羊圈草栏内经常撒一些青干草，任其随意采食。

4. 按 10 只羔羊喂一个鸡蛋的比例，将鸡蛋捣碎，拌在饲料中，连喂 5 天，停歇 5 天，再喂 5 天，即可制止食毛癖的发生和发展。

5. 用一些轻泻药物排出毛球，如不能泻下阻塞物时，可行真胃切开手术，取出毛球。

十一、羔羊白肌病

羔羊白肌病是由于骨骼肌、心肌和肝脏的变性、坏死而引起运动障碍和急性心脏功能紊乱为特征的一种代谢病。一般在生后 1~2 月龄发病率最高。

【病因】本病的发生与微量元素硒和维生素 E 缺乏有关。妊娠母羊或羔羊长期饲喂劣质干草、秸秆、变质酸败的玉米、豆类饲料以及冬春缺乏青绿饲料时，往往促成本病的发生。

【症状】本病按其病程长短可分为急性型、亚急性型及少数

的慢性型。

急性型：病羔往往出现绝食、不安、咩叫，或在看不出任何临床症状的情况下，突然倒地死亡。

亚急性型：病羔呈现精神不振、消瘦、贫血，有时出现异嗜、喜卧、步行强拘、后躯摇摆，站立时四肢叉开、颤抖，颈向前伸直，臀及肩胛部浮肿，背僵直，随后出现瘫痪，瘫痪后往往呈现蛙行或爬行，用力向前冲。心跳急速（110~150次/分），常出现节律不齐以及明显的心内杂音。尿呈红褐色，呼吸增数，体温一般正常，病程多在1周左右，转为慢性者往往迁延数日，且有时复发而急性死亡。

【预防】

1. 对妊娠后期的母羊，补喂含维生素E的饲料，如大麦芽、青割大豆、苜蓿等。

2. 对妊娠母羊或羔羊添补亚硒酸钠及维生素E粉。

3. 母羊在分娩前30天皮下注射0.1%亚硒酸钠液10毫升，生后3日龄羔羊2毫升，隔15~20天后再注射5毫升，并配合维生素E 10~15毫克，肌内注射，每隔5天1次，共注射3次。

【治疗】本病主要用硒制剂及维生素E治疗。0.1%亚硒酸钠液10日龄以内羔羊2毫升，每2~5天皮下注射1次，共注射2~3次；10日龄以上者4毫升，每隔5天皮下注射1次，共注射2~3次。同时配以维生素E（α-生育酚）10~15毫克，肌内注射，每天1次，连注数日。为了维护心脏功能，可注射安钠咖、樟脑磺酸钠等强心剂。

十二、佝偻病及骨软症

佝偻病及骨软症是由于羊只机体中钙、磷代谢障碍，维生素D缺乏而引起骨组织发育不良的一种非炎性疾病。羔羊由于钙、

磷代谢障碍、维生素D缺乏，使骨组织钙沉积不足，骨质钙化不全，引起骨质软化、变形称为佝偻病。成年羊钙、磷从已形成的骨中脱失，使骨质变疏松，容易发生骨折称为骨软症。

【病因】由于维生素D缺乏，钙、磷不足或比例不当而引起本病。光照不足能影响维生素D的形成。

饲料中化学成分的不合理，亦可引起机体缺钙。饲料中硫酸过多可限制钙的利用。磷酸过多时，不仅耗损食物中的钙，还可使骨组织脱钙。

母乳不足，早期断奶，羔羊营养不良以及管理不善；圈舍潮湿阴暗，通风不良，光照不足等不良因素均可促使本病的发生。长期慢性胃肠道疾病，也可影响钙的吸收。内分泌功能，特别是副甲状腺的功能紊乱可直接影响钙的代谢。钙质高度过量也会因脱磷而发生骨软症。

【症状】临床上主要表现消化紊乱、异嗜癖、跛行及骨骼系统严重变化等特征。

本病发展缓慢，典型症状出现前表现食欲缺乏、异食、臌气、下痢及消化不良。病羊发育不良，生长缓慢，不愿运动，软弱无力，呼吸、脉搏增数，跛行，喜卧，起立困难；站立时四肢发软颤抖，有时四肢交叉站立。

骨骼变形，发生各种形状的弯曲，四肢站立姿势改变。骨盆变形造成骨盆狭窄。脊柱骨变形导致脊柱下弯凹陷，亦可引起脊柱上弯或侧弯。头骨变形引起鼻道狭窄、下颌肿胀等症状。牙齿的发育和换生紊乱，齿的着生既不正常也不牢固，且容易松脱。

成年羊只骨软症，由于骨质脱钙骨质密度降低，病羊出现跛行和骨骼畸形，其病状与佝偻病相似。病初亦出现异食等消化紊乱现象，以后逐渐消瘦、贫血。体温、呼吸和脉搏无明显变化。骨软症由于骨质松脆而导致骨折，还会出现关节炎性肿胀、骨膜炎等。山羊的臀部，由于疼痛、骨折或个别腱从固着点脱离，会发生麻痹现象。

山羊骨软症还可出现颌骨肿大软化、前肢的趾弯曲，还有的表现卧地不起、臀部麻痹、强直性肌肉痉挛等症状。

【预防】对孕羊及哺乳母羊应给予青草、青干草、苜蓿等富含维生素的饲料，妊娠期给予适当运动和日光照射，并加喂适量的骨粉、碳酸钙或其他矿物质饲料，羔羊给予适当运动和日光照射，加喂适量钙糖片，必要时可给服鱼肝油。胃肠道疾病要及时治疗。

【治疗】对羊的治疗，病的早期呈现异嗜癖时，就应在饲料中补充骨粉，可以不药而愈。严重时可采取下列方法治疗：

1. 维丁胶性钙注射液0.5万~2万单位，肌内或皮下注射，同时给病羊补饲富含维生素A、维生素E、维生素C和复合维生素B的饲料和氯化钴。

2. 鱼肝油，成年羊10~20毫升，羔羊5毫升，配以钙糖片适量，1次内服，连服数日。

3. 维生素AD粉适量，骨粉每天30克，连喂数日，待症状消失后，继续喂1~2周。

4. 严重病羊可配用3%次磷酸钙溶液100毫升，成年羊1次静脉注射，每日1次，连续3~5天。

5. 由缺钙引起痉挛的可静脉注射10%葡萄糖酸钙50~150毫升，注意应缓慢而准确地注入血管中，严禁漏入皮下。

十三、感冒

感冒是由于气候骤变，机体被寒冷袭击而引起的以鼻流清涕、羞明流泪、呼吸加快、体表温度不均为特征的急性发热性疾病。本病无传染性，一年四季均可发生，但以早春和晚秋气候多变季节较为常见。

【病因】本病主要是由于对羊只管理不当，因寒冷的突然袭击所致。如厩舍条件差，冬天安全过冬措施跟不上，受贼风的侵袭；舍饲的羊只在寒冷的天气突然外出放牧或露宿；外出放牧被雨淋风吹；或出汗后拴在潮湿阴凉有过堂风的地方等。

【症状】病羊精神不振，头低耳耷，羞明流泪，初期皮温不均，耳尖、鼻端和四肢末端发凉，继而体温升高，呼吸、脉搏加快。鼻黏膜充血、肿胀，鼻塞，初流清涕，病羊鼻黏膜发痒，不断喷嚏，并在墙壁、饲槽擦鼻止痒。以后变为黏液性、脓性鼻液，常发咳嗽。背毛竖立，畏寒怕冷，拱腰战栗，食欲减退或废绝，反刍减少或停止，鼻镜干燥，肠音不整或减弱，粪便干燥，一般如能及时治疗，可很快痊愈，否则，容易继发支气管炎。

【预防】加强耐寒性锻炼，防止突然受寒，特别是防止出汗后受寒冷和风雨、过堂风的侵袭。冬季气温骤变时圈舍要有防寒措施。

【治疗】以解热镇痛、祛风散寒为主。

1. 肌内注射复方氨基比林 5~10 毫升，或 30%安乃近 5~10 毫升，或复方奎宁、百尔定、穿心莲、柴胡、鱼腥草等注射液。

2. 为防止继发感染，可与抗生素药物同时应用。复方氨基比林 10 毫升、青霉素 160 万单位、硫酸链霉素 100 万单位，加蒸馏水 10 毫升，分别肌内注射，每日 2 次。当病情严重时，也可静脉注射青霉素 160 万单位×4 支，同时配以皮质激素类药物，如地塞米松等治疗。

3. 感冒通 2 片，1 日 3 次内服。

4. 中药治疗：对畏寒怕冷、耳鼻俱凉、肌肉震颤者可灌服荆防败毒散或杏苏散；当怕冷轻微，口舌干燥、眼红多泪者服用银翘散或桑菊银翘散。

十四、肺炎

肺炎是肺泡、细支气管以及肺间质的炎症。根据炎症侵害部位，临诊上分为小叶性肺炎和大叶性肺炎。又根据炎症的性质，小叶性肺炎还可分为卡他性和脓性肺炎。羊以小叶性肺炎为常见。

【病因】本病发病原因是多方面的，除微生物因素外，营养不良、维生素和矿物质缺乏、气候剧变、圈舍寒冷潮湿、受寒感冒、夏季羊群密集、通风不良、羊舍过热及有害气体刺激、母羊怀孕期及产后营养不良而泌乳不足，都可引起羔羊肺炎。

本病还继发于一些内外产科疾病，尤其是化脓性疾病。一些寄生虫病也可引起肺炎。

【症状】病羊精神沉郁，食欲缺乏或废绝，体温升高，饮欲增加，心跳加快，鼻镜干燥。羔羊多为急性，初为带疼痛的干咳，后则变为湿咳，鼻液初为浆液性、黏液性，后为脓性，鼻唇部被黏脓性鼻液所污染。

呼吸随炎症的渐进性加重而加快。若继发胸膜炎，发生肺胸膜粘连时，呈腹式呼吸。听诊肺部，病灶部分肺泡呼吸音减弱，若炎性渗出物堵住肺泡和细支气管，则肺泡呼吸音消失，并发生支气管呼吸音，其他健康部分因代偿功能而肺泡呼吸音增强。由于支气管炎症变化，可听到干啰音和湿啰音。叩诊肺部呈点状浊音，若继发胸膜肺炎有大量渗出液时，于胸壁下 1/3 ~ 1/2 处呈水平浊音。严重病例，由于有毒产物大量积聚，引起毒血症，使心肺功能障碍而导致死亡。慢性病例，症状逐渐出现间断性咳嗽，流鼻液，病羊虚弱消瘦，被毛粗糙无光，体温稍有升高，食欲时好时坏。听诊肺部有干啰音、湿啰音或支气管呼吸音。

X 射线检查肺部有散在性阴影病灶。

【预防】加强耐寒锻炼，防止感冒，出汗后防止受寒冷、风、雨、潮湿、过堂风的袭击。加强饲养管理，喂给营养丰富易于消化的饲料。圈舍要通风透光，保持空气新鲜清洁，冬季保暖防寒，炎夏防暑。对于由某些传染病或寄生虫引起的肺炎，要及时根除病因。

【治疗】治疗原则：加强护理，消除炎症，祛痰止咳，制止渗出，促进渗出物的吸收和排除。

1. 青霉素每千克体重 2 万~4 万单位，每日肌内注射 2 次，链霉素每千克体重 2 万单位，每日肌内注射 2 次，同青霉素一起肌内注射，同时配以清热解毒针剂或解热镇痛针剂。青霉素、链霉素可用注射用水溶解。

2. 5%恩诺沙星注射液，每千克体重 0.1~0.2 毫升，每日肌内注射 2 次。

3. 10%葡萄糖 500 毫升，双黄连每千克体重 60 毫克，以不超过 1.2%的药物静脉注射效果良好，严重病例再配以地塞米松效果更好。

4. 10%葡萄糖 500 毫升，10%磺胺嘧啶钠每千克体重 0.07 克，5%氯化钙 20~100 毫升静脉注射，严防漏入皮下。

5. 杀菌先 1~2 毫升肌内注射，1 日 2 次。

6. 治喘灵 1 毫升肌内注射，1 日 2 次。

7. 复方樟脑酊 5 毫升、止咳糖浆 30 毫升、小苏打 0.3 克×10 片、磺胺嘧啶 0.5 克×8 片，成年羊加水 1 次内服，日服 3 次。

8. 氯化铵 0.1 克×2 片、杏仁水 10 毫升、远志酊 10 毫升，加水 1 次内服。

9. 普鲁卡因青霉素 10 万单位加生理盐水 10~20 毫升，气管内注入。

10. 中药麻杏石甘汤灌服。

十五、支气管炎

支气管炎是支气管黏膜表层或深层的炎症。本病以咳嗽、流鼻涕与不定热型为特征，以羔羊和老龄羊为甚。通常在早春和晚秋羊只受到气温剧烈变化的影响而患病。根据炎症发生部位，可分为支气管炎和细支气管炎；按病程可分为急性和慢性支气管炎两种。

（一）急性支气管炎

急性支气管炎是支气管黏膜表层和深层的急性炎症过程。临床上以咳嗽、流鼻液为特征。

【病因】急性支气管炎的发病原因，通常分为原发性和继发性两类。

1. 原发性：受寒感冒是引起支气管炎的主要原因。其次，吸入刺激性较强的气体；患吞咽障碍病将液体或固体咽入气管中；强制灌药或灌食物时，误入气管中；某些传染因素和寄生虫的侵袭；圈舍卫生条件差，通风不良，闷热潮湿以及维生素 A 缺乏等营养价值不全的饲料等均为支气管炎的发生病因和诱因。

2. 继发性：可见于流行性感冒、羊痘等传染病的经过中。邻近器官炎症的蔓延，如喉炎、肺炎以及胸膜炎等，由于炎症蔓延的结果，从而继发支气管炎。

【症状】急性支气管炎主要症状是咳嗽。病初咳嗽为短、干并带有疼痛的表现。3~4 天后咳嗽变为湿咳而连续咳嗽，并经常发作，有时咳出痰液。痰液为黏液性或黏脓性，呈灰白色，有时带有黄色，由两侧鼻孔流出。

人工诱咳阳性。即触诊喉头或气管，反射性地引起持续的咳嗽，且声音高朗。

听诊肺部，病初肺泡呼吸音增强。2~3 天后可听到啰音。

病的前几天为干啰音，以后则可听到湿啰音。在气管和较大的支气管，常可听到呼噜音。但这种啰音不是固定的，可与咳嗽一同出现和消失。

全身症状一般轻微，体温正常或稍升高 0.5~1℃，呼吸增数。重剧性的支气管炎，病羊表现精神萎靡、嗜睡、食欲大减，且有重剧性全身症状。

X 射线检查，肺部有较粗的肺纹理支气管阴影，但无炎症病灶。

【预防】加强饲养管理，保持羊舍清洁、温暖、通风良好，防止受寒感冒，给予易消化的饲料，饮清洁温水，避免机械性或化学性物质的刺激。

【治疗】治疗原则：加强护理，消除炎症，祛痰止咳。

1. 消炎：青霉素、链霉素加鱼腥草注射液混合肌内注射；普鲁卡因青霉素行气管注射；10%磺胺噻唑钠注射液或10%磺胺嘧啶钠注射液 10~20 毫升肌内或静脉注射；四环素 0.25~0.5 克溶于 5%葡萄糖或生理盐水 500 毫升中静脉注射，每日 2 次。

2. 祛痰止咳：氯化铵 0.2~2 克或吐酒石 0.2~0.5 克；复方樟脑酊 1~3 毫升或复方甘草合剂 10~20 毫升以及杏仁水 2~5 毫升灌服，每日 1~2 次。

3. 必要时结合抗过敏药剂应用，加服盐酸异丙嗪 25~50 毫克或扑尔敏 12~16 毫克。

4. 中药疗法：外感风寒引起者服用紫苏散，外感风热引起者服用桑菊银翘散。

5. 中西药综合疗法：咳嗽、流涕浓稠时服用杷叶散；静脉注射磺胺嘧啶，肌内注射醋酸可的松，常可收到良好效果。

6. 螺旋霉素 4 片、感冒通 3 片、复方甘草片 6 片内服，每日 3 次，效果良好。

（二）慢性支气管炎

慢性支气管炎为支气管黏膜长期的、持续数月甚至数年的炎症过程。本病以支气管壁结构的变化和持续的咳嗽为特征。

【病因】原发性慢性支气管炎常常是由于急性支气管炎的致病因素未能及时除去，长期反复作用的结果。此外，对于急性支气管炎未能及时给予正确的治疗，饲养管理和护理不周，都会使急性变为慢性。

继发性的慢性支气管炎，常见于心脏缺陷和肺的慢性病如结核、肺气肿和心脏瓣膜病等的经过中。

【症状】本病的特殊症状为持久的拖延数月甚至数年的咳嗽。特别在早晚进出羊舍、饮水采食、稍微运动及气候剧变时，常常引起剧烈的咳嗽。人工诱咳阳性。痰量不多，有时混有少量血液。病羊一般体温正常，当支气管狭窄和肺泡气肿时，则出现呼吸困难，特别是在运动时呼吸困难表现更为严重。此外，由于长期的食欲缺乏和疾病的消耗，身体逐渐消瘦，间有贫血现象。

听诊肺部，病初可听到各种湿啰音，以后则可听到各种干啰音。肺泡音强盛，当并发肺泡气肿时，则肺泡音减弱或消失。

X 射线检查，肺部的支气管阴影增厚而延长。

【预防】同急性支气管炎。

【治疗】治疗基本同急性支气管炎。但应首先稀释黏性渗出物，以及加强气管颤毛上皮的活动和支气管的肌肉收缩，以排除支气管黏膜上的黏性渗出物。为此可用蒸气吸入法和祛痰剂。采用克辽林、来苏儿、过氧乙酸、薄荷脑、麝香草酚等反复施行蒸气吸入，有良好效果。祛痰剂的使用见急性支气管炎章节。中药疗法，宜益气敛肺，化痰止咳，方用参胶益肺散。

十六、膀胱炎

膀胱炎是膀胱黏膜表层及深层的炎症。按炎症的性质可分为卡他性、纤维蛋白性、化脓性、出血性四种。其中临床中以黏膜的卡他性炎症较为多见。

【病因】膀胱炎主要由于病原微生物的感染、邻近器官炎症的蔓延和膀胱黏膜的机械性或化学性的损伤或刺激等原因所引起。

1. 病原微生物感染：除传染病继发时由于特异性细菌感染外，在一般情况下，常由于非特异性细菌感染，如化脓杆菌、葡萄球菌、绿脓杆菌、大肠杆菌、变形杆菌等。此等病原菌多系通过血液循环或尿道侵入膀胱所致，在某些情况下，由于导尿时导尿管或手指消毒不彻底所引起。

2. 邻近器官炎症的蔓延：如肾炎、输尿管炎、子宫炎、阴道炎、尿道炎、腹膜炎等皆能导致本病的发生。

3. 机械性或化学性的刺激：如膀胱结石、膀胱肿瘤，或因膀胱麻痹、尿道阻塞、尿液在膀胱内积蓄时间较长，发酵分解产物，有毒代谢产物刺激等引起膀胱炎。刺激性的药物如斑蝥、松节油等以及某些农药中毒等，也可引起本病的发生。

【症状】病羊不断做排尿姿势，但无尿排出或仅有少量尿液流出（尿淋漓），排尿时病羊表现疼痛不安，严重者由于膀胱（颈部）黏膜肿胀或膀胱括约肌痉挛收缩，引起尿闭。此时表现极度的疼痛不安（肾性疝痛），呻吟。公羊阴茎频频勃起，母羊阴门频频开张。触诊腹部病羊表现疼痛不安，抗拒检查。尿液混浊，混有多量黏液、血液、脓汁、纤维素性炎性物，病羊有全身症状。

【预防】建立严格的卫生管理制度，防止病原微生物的侵袭和感染；导尿时，要严格遵守无菌操作原则；当羊只患其他泌尿器官疾病时，要及时进行治疗，以防炎症蔓延；对母羊生殖器官疾病，应采取有效的防治措施。

【治疗】治疗原则：改善饲养管理，抑菌消炎，防腐消毒以及对症治疗。

1. 改善饲养管理：注意让病羊适当休息，减少精料，饲喂无刺激性、富含营养且易消化的优质饲料，并给予清洁饮水。

2. 药物治疗：呋喃妥因片 0.1 克×2 片、乌洛托品 5~10 克、氯化铵片 0.3 克×6 片、穿心莲片 1 克×30 片，成年羊每日灌服2~3 次；头孢氨苄胶囊 0.25 克×4 片、氟哌酸胶囊 0.1 克×4 丸，成年羊每日 2~3 次灌服，对治疗病原微生物感染引起的膀胱炎效果很好。

3. 中药疗法：对一般性膀胱炎可服用滑石散；对炎性产物较多的膀胱炎，可服用治浊固本汤；对出血性膀胱炎，可服用秦艽散。

十七、膀胱麻痹

膀胱失去排尿能力，尿液停滞，叫作膀胱麻痹。

【病因】腰荐部或后腰部的脊髓疾病（如炎症、麻痹、创伤、出血及肿瘤等），使支配膀胱的神经功能发生障碍，或调节排尿的高级神经系统——大脑皮质功能发生障碍时，都能引起膀胱麻痹或不全麻痹。

【症状】膀胱经常充满尿液。引起膨胀时，常出现肾性疝痛及不安，如常做排尿姿势（用力排尿，无尿液排出或只呈线状或滴状排出）、侧身急行前走等。从腹部压迫膀胱，能排出大量尿液，如停止压迫，排尿也即行停止。插入导尿管，只能排少量尿液，甚至排不出尿。

当膀胱括约肌麻痹时，不出现任何异常的排尿姿势，尿常呈滴状或线状排出。膀胱经常空虚无痛。

因脑或脊髓疾患引起本病时，背部某段感觉消失，刺扎无反应，不常出现不安及异常排尿姿势，尿常能自行流出，但间隔较长，或出现滴尿现象。当插入导尿管时，尿呈强流排出；停止压迫后，尿的排出也不立即停止。

【防治方法】

1. 尿液停滞时，可用消毒后的导尿管排尿，每日 2~3 次。人工排尿时，可在尿道口涂搽些消毒软膏，以保持清洁和预防发炎。

2. 由腹壁按摩膀胱，排出尿液，每次持续 15 分钟，每日 1~2次。也可采用下列药物治疗：

（1）5%百浪多息钠（红色素）5~15 毫升，1 次肌内注射。

（2）腰荐部涂搽樟脑乙醇。

（3）熟地、山药、朴硝、红茶末各 30 克，生芪、肉桂、滑石、车前子各 15 克，茯苓、猪苓、木通、泽泻各 6 克共为细末，开水冲调，加竹叶、灯心草煎汁为引，1 次灌服。

3. 为了提高膀胱肌肉的兴奋性，可用如下药物治疗：

（1）0.1%硝酸士的宁 1~3 毫升，1 次皮下或肌内注射，连用 3 天，休药 2 天后，可再用 1 个疗程。

（2）维生素 B_{12} 100 微克×（1~2）毫升、维生素 B_1 10 毫克×（1~2）毫升混合百会穴注射。

4. 为了防止尿路与膀胱发炎，可内服乌洛托品、呋喃妥因等。

十八、尿结石

尿结石是原来溶解在尿中的各种盐类析出所形成的凝结物，

中兽医称“砂石淋”。这种凝结物若存在于肾盂（称肾结石）、膀胱（称膀胱结石）或移行于尿道（称尿道结石），是引起排尿困难为主征的一种疾病。

【病因】尿结石主要是磷酸盐、硅酸盐的结晶。其形成是由多种因素造成的。主要是尿中保护性胶体的含量减少，盐类物质与这些胶体之间的比例发生变化，某些盐类化合物含量过大。此外，结石的生成也与尿道的 pH 值、肾功能变化、饮水质量等有关。临床以 3~6 月龄的公羊发病较多。

【症状】若尿结石的体积小而且数量较少，一般不显任何症状。但体积较大的结石，则呈现明显的临床症状。

尿石症的主要症状是排尿障碍、肾性疝痛和血尿。但由于结石存在部位及其对各该器官损害程度的不同，其临床症状颇不一致。

结石位于肾盂时，多呈肾盂炎症状，并见有血尿现象。严重时，病羊肾区疼痛，运步强拘，步态紧张。

肾结石移至输尿管而刺激其黏膜或阻塞输尿管时，病羊表现剧烈疼痛不安。当双侧输尿管阻塞时，可见有尿闭现象。

尿结石位于膀胱腔时，有时并不呈现任何症状，但大多数病羊表现有尿频或血尿，膀胱敏感性增高。公羊阴茎包皮周围常附有干燥的细沙粒样物。

尿结石位于膀胱颈部时，可呈现明显的疼痛和排尿障碍。病羊频频呈现排尿动作，但尿量减少或无尿排出。排尿时病羊呻吟，腹壁抽缩。

尿道结石不完全阻塞时，病羊排尿痛苦，且排尿时间延长，尿液呈断续或点滴状流出，有时排出血尿。当完全阻塞时，则呈现尿闭或肾性腹痛现象。若膀胱破裂时，肾性疝痛现象突然消失，病羊暂时转为安静。但尿液进入腹腔后，继发腹膜炎则出现全身症状。

【预防】

1. 防止长期单调地喂饲羊只，给以富含矿物质的饲料和饮水。饲料日粮的钙、磷比例应保持为1.2∶1或(1.5~2)∶1。

2. 日粮中应含有适量的维生素A，以防止泌尿器官的上皮形成不全或脱落，而造成尿结石的核心物质增多。

3. 对泌尿器官疾病（肾炎、肾盂炎、膀胱炎、膀胱痉挛等）应及时给予治疗，以免尿液潴留。

4. 平常应适当增喂多汁饲料或增加饮水，以稀释尿液，减少泌尿器官的刺激，并保持尿中胶体与晶体间的平衡。

5. 对舍饲的羊只，应适当地喂给食盐或于饲料中添加适量的氯化铵，以延缓镁、磷盐类在尿石外周的沉积。

【治疗】对于较大的尿结石，一般用药物治疗无效时，可采用手术方法取出结石。对小颗粒粉末和小块的尿结石，可使用利尿药，促其排出。内服双氢克尿噻0.05克×（1~4）片，每日1~2次，或氯噻酮0.1克×（2~4）片，每日或隔日1次。也可按每千克体重肌内注射速尿剂0.5~1毫克，每日或隔日1次。同时可每日肌内注射孕酮10单位，解痉排石。

中药疗法：处方一：木通21克、瞿麦30克、萹蓄30克、海金砂30克、车前子30克、生滑石45克、栀子21克，水煎候温灌服。

处方二：桃仁12克、红花6克、归尾12克、赤芍9克、香附12克、海金砂15克、吴茱萸9克、官桂12克、广木香9克、茯苓12克、木通18克、萹蓄12克研末，分3次开水冲服，每次灌药和水500毫升，治山羊尿结石。上方服后，见排尿不感困难时，再服下方：车前子18克、海金砂12克、木通15克、灵仙根9克、荔枝核12克、血通12克、滑石15克、广香9克、橘核12克、银花9克、白芷15克、通草3克研末，分2次开水冲服。

若继发肾盂炎时，可内服乌洛托品、呋喃坦啶等尿道消炎药。

十九、羊误食塑料膜及杂物

此病属异食癖，就是羊吃塑料膜及其他不能消化的杂物。成年以上的羊只发生较多。

【病因】主要是草料中营养物质不足，机体供需失调，引起代谢紊乱，致使味觉和食欲失常。如草料中长期钙、磷、盐不足，缺乏铁、铜、锰、锌、钴、硒等常量、微量元素和维生素C、维生素B等。

【症状】吃少量塑料膜的羊只一般没有特殊症状。当达到占胃内容物1/10时可出现较轻的胃弛缓，拉干粪球和拉稀；达到1/5时，呈现出明显的临床症状，如采食减少、反刍失常、瘤胃胀气和持续性拉稀。到病的中后期，体温略低，精神沉郁，被毛粗乱，结膜苍白，采食减少，瘤胃弛缓，时胀时消，反刍减少，站立时拱腰，不愿走路，表现为腹痛、咬牙、口流水样黏液，间有白沫。常离群单独卧地不起，渐进性消瘦，用健胃药效果不大，后期用手触摸腹部，可摸到硬物。

【预防】加强饲养管理，尽量喂给全价饲料，搞好饲料搭配，发现病羊有异食时就应及时找出病因，调整饲料配方。另外在饲料中经常加些苏打粉和一些微量元素以预防本病的发生。

【治疗】药物治疗一般无效，多采用手术切开瘤胃取出异物。右侧卧保定羊后，手术程序如下：

1. 剪毛消毒：在左肷部剪毛，手术部位刮毛后，用1%～1.5%来苏儿液冲洗干净，再用5%碘酊消毒，后用75%乙醇脱碘消毒。

2. 麻醉：全麻可用速眠新或静松灵。手术部位用2%普鲁卡因浸润麻醉。

3. 手术部位：在左侧肷中部切口。从左侧髋结节与最后肋骨平行连线的中点，距腰椎横突末端外 4~6 厘米处，向下垂直切开 10~14 厘米。皮肤切口要长于瘤胃切口 3~5 厘米。

4. 手术方法：①切开皮肤，切口长度 13~15 厘米，向四周分离皮肤 3 厘米，用消过毒的纱布填在皮肤下。②分离切割腹肌。使之露出瘤胃，把瘤胃的切口部位尽量向外拉出。把胃壁和皮肤采取 4~6 点缝合固定。③切开瘤胃，切口可以 8~12 厘米长，然后伸手把塑料膜、编织物等杂物取出，但一定要小心分批取出，严防胃内容物污染腹腔。④异物取出后，把瘤胃切口污物擦去后适当消毒，解除胃壁和皮肤的缝合，取出防污纱布条，再把切口部位消毒，在腹腔内撒青霉素、链霉素各 100 万~200 万单位。⑤缝合切口，A. 用丝线从胃壁切口下部往上进行全层缝合，要平整严密，然后冲洗消毒缝合处，再做一次浆膜肌层连续内翻缝合。清理消毒送还腹腔。再往腹腔内撒青霉素、链霉素各 100 万单位。B. 用 4~6 号丝线将腹膜和腹横肌分别连续缝合或 1 次缝合。C. 用 6~7 号丝线分层结节缝合肌肉。D. 用 8~10 号丝线结节缝合皮肤。皮肤缝合要平整，严防内翻。E. 在缝口处消毒后涂以四环素或其他消炎软膏，或撒 100 万单位青霉素，然后再用 2~3 层纱布把伤口盖住，7~8 天后便可拆线。F. 术后护理，肌内注射青霉素、链霉素每次 100 万~320 万单位，每天 2 次，连用 5~6 天。每隔 1~2 天检查 1 次伤口处，发现问题及时处理。加强饲养管理，喂给易消化的草料，圈舍要保持干净。单独饲养 7~10 天后再放入大群饲养。

二十、中暑（日射病与热射病）

本病是因在炎热的阳光下放牧，或关在通风不良、潮湿闷热的车厢或栏舍内而发生。尤其是绵羊最为常见。

【病因】日射病是由于阳光直接作用于头部引起脑充血及中枢神经系统过热，以致血管运动中枢和呼吸中枢麻痹。热射病是由于外界温度过高，热的发散不良时所引起的全身过热，引起脑充血和中枢神经系统功能障碍的疾病。

【症状】病初精神不振，常常围着圈打转，四肢发抖，步态不稳，呼吸短促，眼结膜潮红并逐渐变为蓝紫色，体温升高到40~42℃。心跳快而弱，皮肤干热继而大量出汗，鼻孔流出泡沫状液体，心跳每分钟100次以上，很快昏倒，昏倒时眼球闪动，如不及时抢救，则很快死亡。

【预防】不在炎热的阳光下放牧。车厢、羊舍要通风凉爽，防止闷热。多给饮水和清凉多汁饲料。

【治疗】

1. 将病羊迅速转移到阴凉通风的地方，往头部浇淋冷水或凉水灌肠。注射安钠咖，大羊3~5毫升，给予等渗食盐水饮用，必要时可投服清凉剂。

2. 颈静脉放血80~100毫升，放血后补液，可用5%糖盐水500毫升加入10%安钠咖4毫升。

3. 纠正酸中毒及时对症治疗，可静脉注射5%碳酸氢钠注射液50~100毫升。心脏衰弱及循环虚脱时，皮下注射5%硫酸苯异丙胺溶液20~40毫升。

二十一、产后不食症

【病因】

1. 产后消化功能减弱，喂精料过多（特别是豆类），引起消化不良或便秘，导致厌食和减食。

2. 产后极度疲乏，体质虚弱，引起消化功能紊乱，导致食欲下降。

3. 产后腹压突然降低，影响正常的消化功能，引起暂时性的厌食。

4. 产后由于产道感染、发炎，体温升高，引起腹痛而厌食。

5. 哺乳后期不食，多因饲料太单纯，尤其缺乏豆类等蛋白质饲料、钙质等矿物质元素及含维生素丰富的青绿饲料，造成母羊营养不良。严重时还能引起母羊跛行或瘫痪。这种情况特别容易发生在产羔多、羔羊食奶多、生长发育快的母羊中。

【预防】

1. 要了解日粮及饲草中所含的营养成分，是否搭配合理。特别是冬、春的枯草期，维生素是否缺乏。青、精、粗料要合理搭配，并注意日粮的可消化性及钙、磷、食盐等矿物质补充量。

2. 忌产后一次猛然投喂大量的精料（特别是豆科饲料）。

3. 在母羊发育良好及体质健壮的情况下，产前1周要逐渐减少精料，产后1周要逐渐增加精料，以防止产奶多、羔小需奶量少而患乳房炎，特别是蛋白类饲料的供给，以保持食欲的旺盛。

4. 在母羊体质瘦弱的情况下，要适当增加营养。

5. 接产时要做好消毒、护理等工作，防止细菌感染产道而引起发炎、体温上升、食欲下降或拒食，俗称产后风，是羊最容易患的病症。羊尤易由伤口感染破伤风梭菌。

【治疗】

1. 由于喂精料过多而引起的不食症，可用人工盐或黄酒250克、红糖200克、生姜细末100克混匀，酌量分期灌服。此外，还可用鸡、猪的胆汁15毫升加食醋100~200克，煮沸放温灌服。也可用鸡内金在炆火上用砖或瓦焙焦，碾成粉加黄酒灌服。

2. 因营养性缺钙及磷引起的不食症，可用葡萄糖酸钙0.5克×10片，每天3次，连服5~10天。或静脉注射10%葡萄糖酸钙30~50毫升，每天1次，连续注射3~5天。观察病情，考虑是否增加疗程。内服骨粉（或磷酸氢钙）30克，每天1~2次，补钙的同时要注意补充维生素AD_3粉或鱼肝油。以后在饲料中加3%骨粉。

3. 因产道感染而发热引起的不食症，应及时退热，并用磺胺类及抗生素治疗。同时，还要服用加味生化汤治疗：当归25克、黄芪25克、益母草15克、川芎15克、红花15克、三棱15克、莪术15克、桃仁15克、炮姜8克，煎汤灌服，每天早晚两煎，连服3~5天。

第六章
中毒病

一、有机磷农药中毒

有机磷中毒是由于有机磷农药或兽药通过各种途径进入羊只机体，与胆碱酯酶结合，从而抑制了该酶的活性，造成体内的乙酰胆碱大量蓄积，导致副交感神经过度兴奋。

【病因】有机磷制剂在我国较为常用的有敌百虫、敌敌畏、乐果、1605、1059、3911 等，由于羊只采食被上述有机磷制剂喷洒过的牧草、蔬菜或其他农作物，或兽医临床上使用敌百虫剂量不当，用法不妥，常引起羊只中毒。

【症状】羊只中毒后临床症状主要与进入羊只体内毒物量和个体敏感程度不同而有差异，主要是以副交感神经兴奋为主的症状：流涎、流泪、瞳孔缩小、出汗、肌肉震颤、呼吸急促、步态蹒跚、反复起卧、兴奋不安，甚至出现冲撞蹦跳，严重时病羊处于抑制、衰竭、昏迷和呼吸高度困难状态，如不及时抢救会引起羊只死亡。

【预防】加强宣传教育，切实保管好农药和有机磷处理过的种子。在用喷洒有机磷农药的田间野草喂羊时，应反复用清水洗泡数次，经喷药的作物其茎叶上附有药液，未经雨水冲刷不得当作饲草并禁止放牧。兽医临床上给羊只驱虫灭虫时，应注意护理和观察，以防中毒。

【治疗】治疗原则：立即停止采食或使用疑为含有机磷的饲料或饮水，迅速采取排毒、解毒措施。

1. 解毒（特效疗法）：①注射生理拮抗剂阿托品 10~30 毫克，其中 1/2 量静脉注射，1/2 量肌内注射。临床上以流涎、瞳孔大小情况来增减阿托品用量。黏膜发绀时暂不使用阿托品。②皮下注射或静脉注射解磷啶每千克体重 20~50 毫克，静脉注射时溶于 5% 葡萄糖或生理盐水中使用，必要时 12 小时重复一次。也可用阿托品配合氯磷啶进行解毒，但切记使用解磷啶后不可再改用氯磷啶。

2. 排毒：①洗胃，2% 碳酸氢钠（敌百虫中毒时忌用）1 000~2 000 毫升用胃导管反复洗胃。②泻下排毒，用硫酸钠 50~100 克加水灌服。③静脉注射糖盐水 500~1 000 毫升，维生素 C 0.3 克。

二、氢氰酸中毒

氢氰酸中毒是由于羊只采食富含氰苷的植物或籽实，在胃内由于酶的水解和胃液盐酸的作用，产生游离的氢氰酸与组织细胞含铁呼吸酶结合，使传氧的功能发生障碍，血液中氧气不能利用而发生中毒。其主要中毒特征为呼吸困难而引起的一系列组织缺氧症状。

【病因】高粱、玉米的叶及嫩苗，亚麻叶和亚麻饼，木薯、白果、苦杏仁、桃、李、梅、杏、枇杷、樱桃的叶、种子中都含有氰苷。当羊只采食后，经胃内酶的水解产生氢氰酸而发生中毒。

【症状】当羊只采食含氰苷的饲料后，15~20 分钟即呈现呼吸困难、流涎、全身痉挛、眼结膜潮红、心跳急速，呼出气带苦杏仁味。随之全身极度衰弱，行走时不稳，很快倒地，体温下

降，瞳孔散大，反射减弱或消失，心搏动徐缓，呼吸浅表，脉搏细弱，最后因心脏和呼吸麻痹死亡。

【预防】加强宣传，避免让羊只采食含有氰苷植物嫩苗或籽仁。应用含氰苷的中药治疗时，要严格掌握用量，以防中毒。

【治疗】因中毒后会很快死亡，故治疗时应争分夺秒。

1. 特效疗法：发病后立即用亚硝酸钠 0. 1~0. 2 克，配合 5%葡萄糖生理盐水配成 5%的溶液静脉注射。接着再静脉注射 5%~10%硫代硫酸钠 20~60 毫升。或亚硝酸钠 1 克、硫代硫酸钠 2. 5 克、蒸馏水 50 毫升混合后一次静脉注射。

2. 用 2%美蓝每千克体重 1~1. 5 毫升静脉注射，接着再静脉注射 5%硫代硫酸钠 20~60 毫升，此方效果不及上方。

3. 煎服二花绿豆汤（二花 50 克、绿豆 250 克）。

4. 配合疗法：①用 0. 1%高锰酸钾水或 0. 1%双氧水洗胃。②静脉注射 10%葡萄糖 250 毫升，维生素 C 0. 3 克，10%安钠咖 3 毫升。③尾尖、耳尖放血，针刺山根、鼻梁、蹄头、太阳、天门穴。

三、亚硝酸盐中毒

亚硝酸盐中毒是由于羊只采食了大量富含硝酸盐的青绿饲料后，在硝化细菌的作用下，使饲料中的硝酸盐转为亚硝酸盐而发生的中毒。

【病因】在自然条件下，亚硝酸盐系硝酸盐在硝化细菌的作用下，还原过程的中间产物，故其产生和存在，取决于硝酸盐的数量与硝化细菌的活跃程度这两个条件。

各种鲜嫩青草、作物秧苗，以及叶菜类等均富含硝酸盐。特别在重施化肥或农药的情况下，如大量使用硝酸铵、硝酸钠等硝酸盐类，另如使用除莠剂或植物生长刺激剂 2,4-D 后，都可使菜叶中的硝酸钾含量升高。

硝化细菌广泛分布于自然界，最适宜的生长温度为20~40℃。如将幼嫩青饲料成堆放置过久，特别是经过雨水淋湿或烈日暴晒，极易发热，给硝化细菌提供了足够的适宜温度和时间条件，致使饲料中的硝酸盐转化为亚硝酸盐。另外，羊只瘤胃中亚硝酸盐是硝酸盐还原成氨的中间产物，故如果采食大量含硝酸盐的菜叶类，即使是新鲜的，亦可发生亚硝酸盐中毒现象。

此外，在少数情况下，还可能因误饮含硝酸盐过多的田水或割草沤肥的坑水而引起中毒。

【症状】中毒羊自采食后可经1~5小时发病，呈现呼吸高度困难，肌肉震颤，步态蹒跚，倒地后全身痉挛症状尤为明显，初期黏膜苍白，表现发抖痉挛，后肢站立不稳或呆立不动。后期黏膜发绀，皮肤青紫，呼吸促迫，出现强直性痉挛。

体温正常或偏低，躯体末梢部位厥冷。针刺耳尖仅渗出少量黑褐红色血滴，且凝固不良。此外还会出现流涎、疝痛、腹泻等症状。

【预防】

1. 避免青绿饲草长时间堆放。

2. 夏秋季收割的牧草摊晒半干饲喂，不喂堆积发热的牧草。

3. 接近收割的青饲料不能再施用硝酸盐类肥料。

4. 避开硝盐洼地、盐井、盐地、咸水泉等高盐牧草占优势草场。

5. 对可疑饲料、饮水，饲用前应采样化验。其方法是：采用芳香胺试纸测定法，预先配制成试剂Ⅰ、Ⅱ液，Ⅰ液用对氨基苯磺酸1克、酒石酸20克、水100毫升配成；Ⅱ液用亚甲胺0.3克、酒石酸20克、水100毫升配成；将滤纸用Ⅱ液浸透后阴干，再用Ⅰ液浸透，然后在20℃中避光烘干，切成小试纸条，密封储存在干燥有色瓶中备用。

测定操作是将可疑饲料的汁液滴在小试纸条上，如呈现红色反应者，即指示为该饲料中含有过多的亚硝酸盐。

【治疗】

1. 特效疗法：①1%美蓝每千克体重 0.1 毫升，10%葡萄糖 250 毫升，1 次静脉注射，必要时 2 小时后再重复用药。②5%甲苯胺蓝每千克体重 0.5 毫升，配合维生素 C 0.4 克，静脉或肌内注射。

2. 对症疗法：①双氧水 10～20 毫升，以 3 倍以上量生理盐水或葡萄糖水混合静脉注射。②10%葡萄糖 250 毫升，维生素 C 0.4克，25%尼可刹米 3 毫升，静脉注射。③0.2%高锰酸钾溶液洗胃，耳静脉放血。

四、黑斑病甘薯中毒

羊吃入一定量的带有黑斑病、软腐病、象皮虫病的甘薯均可引起中毒。其主要特征为呼吸困难、急性肺水肿及间质性肺气肿，并于后期引起皮下气肿。

【病因】甘薯黑斑病的病原是一种霉菌，即甘薯黑斑病菌，此菌侵害于甘薯的虫害部分和表皮裂口上，甘薯受侵害后表皮干枯，呈现凹陷的黑褐色斑，与周围界限明显。变黑干硬部分深约 2 毫米，有毒成分是翁家酮、甘薯酮和翁家醇。这些毒素能引起羊只肺水肿、呼吸困难和损害肾脏等。且该毒素能耐高温，煮沸 20 分钟不能使之破坏。故病甘薯虽经切片、晒干、磨粉或酿酒，其加工品中均含有一定数量的毒素，如用其喂饲羊只均可发病。

甘薯软腐是甘薯储藏期损伤部位感染软腐病所致，其特征是受害软化流出有酒味的黄色液体，后期长出白色绒毛状菌丝，顶端有黑色颗粒。

象皮虫病是由于储藏不好，被象皮虫咬伤，甘薯的表皮成黑色点状，味苦。羊采食后，其中毒症状与黑斑病甘薯中毒相同。

【症状】中毒多发生在春末夏初留种的甘薯出窖时期，亦见于晚冬甘薯窖潮湿或温度增高时。羊发生中毒时，精神沉郁，黏膜充血，食欲及反刍减退或停止，心脏功能减弱，脉搏增数至90~150次/分以上，心跳节律不整，呼吸促迫而困难，眼球突出，瞳孔散大，重剧者多由于窒息而死亡。

【预防】不用感染黑斑病的甘薯喂羊，注意甘薯的保存，以免感染黑斑病菌，已染病的甘薯宜深埋，以免羊只采食。

【治疗】治疗原则：排毒、解毒及缓解呼吸困难。

1. 排毒、解毒：①内服氧化剂，0.1%高锰酸钾150~200毫升或0.5%双氧水50~100毫升1次灌服。②内服盐类泻剂，硫酸镁50~80克、人工盐10~15克、水600~700毫升，混合后1次灌服。

2. 缓解呼吸困难：10%葡萄糖500毫升、5%~10%硫代硫酸钠注射液20~50毫升，静脉注射。亦可同时加入维生素C 0.2~0.5克，或静脉注射双氧水，即3%双氧水1份、复方生理盐水（或25%葡萄糖液）3份混合液，每次50~100毫升，每天1~2次。

3. 当肺水肿时可用5%葡萄糖溶液50毫升、10%氯化钙溶液10毫升、10%安钠咖2毫升，混合后1次静脉注射。

4. 发现酸中毒时用5%碳酸氢钠溶液50~100毫升，1次静脉注射。

5. 中药疗法：白矾、贝母、白芷、郁金、黄芩、葶苈、甘草、石韦、黄连、龙胆草各9克，枣20克，煎水加蜂蜜500克1次内服。

6. 单方：①绿豆250克、甘草50克煎后加蜂蜜250克1次内服。②水菖蒲50克加水煎服。

7. 为预防并发症可应用磺胺类、青霉素等抗生素类药。

五、尿素中毒

自利用尿素作反刍动物的蛋白质饲料来源以来，由于各种原因，引起采食尿素过多，造成羊只中毒事故屡见不鲜，为使大家对此病加以认识，介绍如下：

【病因】

1. 因尿素堆放在饲料旁，误用（如误认为食盐）或羊只偷吃。

2. 使用尿素饲料不当。如将尿素溶解成水溶液喂给时，易于发生中毒；没经过逐渐增多用量的过程，初次就突然按定量喂给，也易发生中毒。此外如不严格控制用量饲喂，或对添加的尿素搅拌不均匀等因素，都是造成中毒的原因。据试验，尿素的饲用量，应控制在全部饲料总干物质量的1%以下，或精饲料的3%以下，全天的配合量成羊以20~30克为宜，且在开始时必须经过一段增量过程，才能达到这一用量。

3. 在个别的情况下，有羊因偷饮大量人尿而发生急性中毒死亡的病例。人尿中含有尿素3%左右，故可能与尿素的毒性作用有一定的关系。

【症状】羊只中毒时，开始时可见鼻、唇挛缩，反刍和肠蠕动停止，瘤胃臌胀，很快不能站立，同时呈现眼球震颤，全身痉挛和呈角弓反张姿势。有的病例可见呼吸极度困难。病羊常因窒息死亡。

【预防】保管好尿素，以免误用或被偷吃。在饲用尿素饲料时，必须严格正确地控制尿素的用量及同其他饲料的配合比例，而且必须搅拌均匀，以免采食不均。严禁将尿素溶在水中饮给。

【治疗】

1. 早期灌服大量的食醋或稀醋酸等弱酸类，以抑制瘤胃中脲酶的活力，并中和尿素的分解产物氨。

2. 1%醋酸溶液 100 毫升，糖 100 克，水 100 毫升混合后 1 次灌服。

3. 静脉注射硫代硫酸钠，同时应用葡萄糖酸钙注射液、高渗葡萄糖注射液、水合氯醛以及瘤胃制酵剂等，以提高疗效。

六、氟中毒

氟中毒是由于过多的无机氟或有机氟化物进入羊只机体引起以骨质脱钙为特征的慢性病变或急性病变过程。往往在某些地区成为地方性多发病。

【病因】当羊只误食了氟乙酰铵类（无机氟）农药喷洒过的农作物或氟乙酸钠类（有机氟）杀鼠剂的毒饵而发生中毒。

当羊只长期采食氟石矿、磷灰石矿、铝石矿、炼铝矿，以及磷肥厂、陶瓷厂、玻璃厂等工厂周围的植物或饮用周围的水源而发生慢性中毒。

【症状】急性中毒的主要症状为流涎、腹痛、腹泻、衰弱无力、肌肉颤动，甚至发生虚脱死亡。山羊中毒后，精神沉郁、不吃、四肢弯于腹下、嚼肌麻痹，常出现拌嘴动作，粪稀而臭。

慢性中毒常呈地方性病。羔羊生长发育迟缓或停顿，乳齿未更换的幼羊可在其下颌骨摸到突起的赘。成年羊表现未老先衰。跛行是最先注意到的症状，先是一肢，以后是两肢或四肢交替发生，或同时发生，四肢软弱，病羊离群落后。病到中后期，可见下颌骨肿大，肋骨变粗，隆起。严重病羊，腰椎及骨盆变形。在氟废气污染区的病羊还常见结膜炎、角膜炎及皮炎等。

氟中毒时，牙齿的变化十分明显。在氟污染严重的地区，羔羊乳门齿上可见到淡黄色或黑褐色的细小斑点或条纹。成年羊门齿、臼齿过度磨损，门齿高低参差不齐，臼齿齿冠被破坏，磨损

不齐，呈波状齿。病羊咀嚼障碍，吃草慢，逐渐消瘦，生长发育不良。

【预防】

1. 脱离污染区，各级政府应引起重视，认真处理好工业污染问题。注意在饲料中增加钙。

2. 禁止饲喂含氟量高的植物，当牧草样本氟含量为 300×10^{-6}~400×10^{-6}时，仅可作为季节轮牧草场。禁止饮用含氟量高的水（$\geqslant600\times10^{-6}$）。

3. 严格注意农药或鼠药的保管。

【治疗】

1. 急性无机氟中毒时可先用0.2~0.5克氯化钙或0.5%鞣酸溶液洗胃，而后内服硫酸铝3~6克。亦可静脉注射10%氯化钙或葡萄糖酸钙，肌内注射维生素D或维丁胶性钙。同时配合应用维生素C，以减轻骨质肿胀。

2. 慢性中毒可用硫酸铝6克内服，每天1次，连续应用。

3. 对症治疗法：如呼吸困难可用尼可刹米、盐酸山梗菜碱等，肌肉痉挛用氯丙嗪等。

4. 急性有机氟中毒时，洗胃、导泻，并静脉注射或肌内注射50%解氟灵（乙酰胺），剂量为每日每千克体重0.1~0.3克，首次量要达日用量的一半，一般注射3~4次。若症状再出现，可重复用药。

七、有机氯农药中毒

本病是羊只因摄入有机氯农药而引起的中毒。临床上以病羊出现兴奋不安、肌肉震颤、角弓反张、口吐白沫等病状为特征。

【病因】有机氯农药目前常用的有氯杀芬、氯丹、五氯酚、三氯杀螨醇等。当羊只接触、采食、误食这类农药喷洒过的作物或拌种的种子，以及用于驱除皮肤寄生虫不当而引起中毒。

【症状】主要症状是中枢神经兴奋，鸣叫，肌肉发生阵发性抽搐痉挛，运动失调，心动亢进，脉搏细弱，最后麻痹、昏迷。

【预防】加强农药管理，以免误食喷洒过有机氯农药的蔬菜或农作物，在喷洒后一个月并经雨水冲刷后方可喂饲，杀灭体表寄生虫时，应控制用量及浓度，最好不要混在油类中施用。

【治疗】对本病尚无特效疗法，根据病情可采取下列措施：

1. 用2%碳酸氢钠溶液洗胃或冲洗皮肤。

2. 用盐类泻剂泻下排毒（禁用油类泻剂）。

3. 成年羊静脉注射10%葡萄糖500~1 000毫升，维生素C 0.3克，10%樟脑磺酸钠2~10毫升，10%葡萄糖酸钙50毫升。

4. 对症疗法：兴奋不安时用安溴或溴化钙、硫酸镁解痉镇静，心衰时使用樟脑钙制剂强心（禁用肾上腺素）。口吐白沫可注射阿托品。

5. 灌服甘草绿豆汤：甘草、绿豆各250克加水煎服。

第七章 产科疾病

一、乳房炎

乳房炎是母羊常见的一种疾病，奶山羊尤为多发。其特征是乳腺发生各种类型的炎症，以及乳汁发生物理及化学上的变化，泌乳量减少及乳房功能障碍。

根据乳腺炎症的过程可分为浆液性乳房炎、卡他性乳房炎、纤维蛋白性乳房炎、化脓性乳房炎、出血性乳房炎。

【病因】乳房炎大多是因外伤、微生物和化学的原因所引起的。

外伤多因乳房过长过大与摩擦或其他机械的创伤引起乳房皮肤、乳头破损，或挤乳方法不当，细菌侵入而发炎。引起乳房炎的微生物种类很多，它们通常是通过乳头管、淋巴管而侵入乳腺。常见的细菌为链球菌、葡萄球菌、化脓棒状杆菌、大肠杆菌等。

【症状】

1. 浆液性乳房炎：感染的乳房小叶肿胀增大，皮肤紧张，触诊感热、质地坚硬并有疼痛，局限于乳房某一叶中。肿块面较小，有时肿胀也能波及半个乳房，但乳头多红肿。产乳量降低，乳质初期变化不明显，稍迟乳汁稀薄，有时含有絮状物。除局部外还可见到病羊食欲减少，体温升高，精神抑郁，严重时食欲完全废绝。

2. 卡他性乳房炎：初期观察乳房没有多大变化，患病 3～4

天后可见到乳头壁变为面团状，触诊乳头基部常摸到豌豆到核桃大小不等波动的或面团状的结节，全身症状不明显。

3. 纤维蛋白性乳房炎：这种乳房炎特征是纤维蛋白渗出到黏膜上或沉淀于组织深处，阻碍血液循环，因而引起乳房坏死和化脓。泌乳量减少，患病2~3天，患叶迅速增大变硬，触诊有热痛，触摸乳池及其基部时，可以听到特有的捻发音，质地坚硬，此时泌乳停止。病初乳汁呈黄色，并混有凝块。在2~3天挤乳发生困难时，只能挤出几滴乳和脓汁，其中混有纤维蛋白凝乳块，有时带血。

全身表现精神沉郁，食欲废绝，体温升高，患侧淋巴结肿大，并伴有前胃弛缓与臌气。病羊运动时患侧的后肢发生跛行。

4. 化脓性乳房炎：主要表现有初期乳房红、肿、热、痛，泌乳停止，挤乳时常有脓汁出现，此时体温升高，3~4天后常常转为慢性。

5. 出血性乳房炎：主要是输乳管组织发生出血，因而乳汁呈淡红色或血色，这种病常见于产后的头几天，奶羊多发。出血性乳房炎多呈急性，患部显著肿胀，皮肤上出现红块，温度升高，挤奶剧痛。山羊乳房炎患叶下常出现血肿，突出于乳房表面。母羊急性乳房炎鉴别诊断见表4。

表4　母羊急性乳房炎鉴别诊断表

乳房炎类型	动物全身状态	患病的乳房情况					正常侧乳房的产乳量
		患病乳房大小、乳头管状态	皮肤状况	局温和疼痛	组织软硬度	乳的质量和沉渣性质	
浆液性乳房炎	轻度抑郁，体温略高或正常	患病乳房肿大、乳头管肿大、多汁	水肿紧张充血	局温增高，轻微或相当疼痛	常紧实	初期外观正常，后期呈水样，并混有絮状物	低

续表

乳房炎类型	动物全身状态	患病的乳房情况					正常侧乳房的产乳量
		患病乳房大小、乳头管状态	皮肤状况	局温和疼痛	组织软硬度	乳的质量和沉渣性质	
卡他性乳房炎	常无变化，有时轻度抑郁，体温升高，食欲减退	整个或部分(下1/3)肿大，乳头管稍许肿大、紧而致密	没有明显的偏离正常的变化	温度和疼痛均不明显，或无	局灶性的紧实,很少是整个乳房部紧实	液状，有小凝乳块，稍迟则变为黄色或褐色的杂有絮状物和凝乳块	低
纤维蛋白性乳房炎	抑郁，食欲减少或废绝，体温升高达40℃,患侧乳房的后肢跛行	相当肿大，乳头管肿大、水肿	轻微的水肿、充血	局温增高,十分疼痛	十分紧实,有时局部柔软,常听到捻发音	混浊，淡黄色，带有纤维素碎片或膜，有时混有血液	极度降低，有时完全停止
化脓性乳房炎	抑郁，食欲减少，发病初期体温升得相当高	肿大由不明显到明显，乳头管有时肿胀	没有明显的偏离,正常或轻度水肿	局温增高,轻微或相当疼痛	局灶性或整个乳房变紧密	混浊，灰白色，或淡黄色，混有絮状物和脓液，有时混杂有血液	极度降低
出血性乳房炎	抑郁，食欲减少，体温升得相当高	覆盖着红色或紫色斑,极少数是弥散性充血	水肿	局温增高,轻微或相当疼痛	整个乳房紧实	水样淡红色或红色，并有絮状物	显著降低

【治疗】对各种类型乳房炎在治疗上总的原则是控制炎症发展，促进炎症消散，使其恢复泌乳功能。

1. 浆液性乳房炎治疗：全身治疗应首先选用青霉素钠盐160万单位配0.1%普鲁卡因10毫升肌内注射，每天3次，连用5天。或内服磺胺噻唑，其剂量按每千克体重0.15克计算，每4~6小时1次，连服3天，首次剂量加倍。如果病情严重，青霉素与磺胺类药物同时应用。局部治疗：如乳房有外伤，应按外伤治疗。如果乳房红肿，初期可冷敷，病中后期可涂鱼石脂软膏或樟脑软膏。

2. 卡他性乳房炎治疗：全身疗法与浆液性乳房炎相同，局部治疗可应用乳导管灌注青霉素40万~80万单位，必要时可加入2%奴夫卡因2毫升。同时增加挤乳次数，每2~3小时1次，挤乳前对乳房进行按摩，使乳汁充分流畅。

3. 纤维蛋白性乳房炎的治疗：首先应抑制乳腺内的炎性过程，使渗出物排出，为此可用橡皮导管往乳房内注入1∶1 000的雷佛努尔或3%硼酸水，进行充分冲洗，冲洗乳房内坏死物或凝乳块，然后可灌注含80万~160万单位的青霉素溶液100毫升，每天1~2次，但此型乳房炎严禁按摩，以防炎症扩散。如果全身症状明显时，可静脉注射40%乌洛托品50毫升配合5%葡萄糖液静脉注射。

4. 化脓性乳房炎的治疗原则是：尽快消除乳腺中的微生物，除采用全身注射抗生素和磺胺类药物外应增加挤奶次数，挤奶白天2小时1次，夜间每隔6小时1次。同时应用青霉素溶液或1∶2 000的雷佛努尔溶液进行灌注，每天1~3次。为加速病的痊愈，早期可用冷水冷敷，中后期可用二花、板蓝根、黄柏、蒲公英各50克水煎溶液进行乳腺管反复冲洗。待脓汁冲洗净后可灌注奴夫卡因青霉素溶液。但此类乳房炎严禁热敷，以防病灶扩散。

5. 出血性乳房炎：应尽量限制病羊运动，以免增加出血量。同时注入安络血、维生素K等止血剂。对于产气性发展较快的乳房炎，在挤出血汁后可注入10~20毫升1%的碘甘油。

二、无乳及泌乳不足

无乳及泌乳不足是在泌乳期中由于乳腺功能障碍，发生无乳或泌乳停止。

【病因】无乳及泌乳停止或减少的原因有生理性的，如年龄过老；也有病理性的，常见于病羊本身其他疾病及其乳房本身疾病。也有因饲养管理不善引起无乳或泌乳不足，如缺乏多汁饲草和充足的青干草及饲料营养严重不足；长期使用碘剂及泻剂药物也能造成乳量严重不足。

【症状】主要表现为乳量逐渐减少或无乳。除了乳房及乳头缩小，乳房皮肤松弛，一般乳房局部没有变化；乳汁偶尔变浓或变稀。羔羊吮乳次数增加，且羔羊常用头抵撞乳房，表现饥饿感。

【治疗】如果找不到明确原因，首先应当从改善饲养管理着手，给予多汁和含蛋白质丰富的饲草饲料，中药对促进泌乳量有一定疗效。常用下列处方：

1. 当归 6 克、川芎 6 克、花粉 5 克、王不留行 9 克、穿山甲 9 克、白芍 6 克、黄芪 9 克、通草 6 克、甘草 4 克，水煎服，连服 3 天。

2. 妈妈多 2 包加水灌服。

3. 虾米 50 克，加水灌服。

4. 猪蹄 2 个水煮后灌服。

5. 王不留行加小米煮后饮服。

三、胎衣不下

在正常情况下，羊在产出胎儿后超过 5 个小时，如果胎衣仍未排出者，称胎衣不下。

【病因】引起胎衣不下的原因很多，主要可分为以下两个方面。

1. 产后子宫收缩力不足。胎衣脱离子宫后要排出体外，产后阵缩的作用是相当重要的。造成子宫弛缓的原因大多是饲料中缺乏钙盐及其矿物质，机体过瘦，胎膜积水，胎水过多，子宫损伤，难产和助产错误等原因都可造成子宫收缩无力而发生胎衣不下。妊娠后期缺乏运动往往也是原因之一。

2. 胎儿胎盘和母体胎盘的愈着粘连。主要是由于生殖道感染，使绒毛膜与子宫内膜发生病理性变化，造成胎儿胎盘和母体胎盘愈着而胎衣滞留不下。如患有布氏杆菌病的羊，流产后常伴有胎衣不下。

【症状】胎衣不下，临床上常见到两种情况，一是胎衣全部停留在子宫腔和产道内；另一种是一部分胎衣残留在子宫内。

全部胎衣不下时，停滞的胎衣往往一部分悬垂于阴门外，另一部分停留在子宫内。垂于阴门外的尿羊膜呈灰白色，上面无脉管。如果子宫弛缓时，胎衣全部停留在子宫内，或部分停留于阴道内，检查时须细心检查阴道内有无胎衣。部分胎衣不下，检查时主要看排出胎衣是否完整与缺损哪一部分。

全部胎衣不下时，胎衣垂于阴道外的部分多呈红色或暗红色，多数病羊没有不安的表现，有的羊则表现努责。

垂于阴道外的胎衣，由于时间过长往往被粪污染。在高温天气，发出恶臭气味。由于体内胎衣腐败、分解，阴道流出许多恶露。时间长了，分解产物和毒素被子宫黏膜吸收后，则表现中毒症状，体温升高，食欲废绝，反刍停止。

部分胎衣不下时，常常在孕角，多是绒毛膜与一个宫阜联系，如停留时间过长，常常感染化脓，分解后以恶露流出体外，同时形成化脓性子宫内膜炎。

【治疗】可分为药物疗法和手术疗法。

1. 药物疗法：主要是促进子宫肌肉收缩力，常用药物有垂体后叶素、新斯的明注射液或乙酚已烷。静脉注射 5%～10%氯

化钠高渗盐水，灌服红糖与蜂蜜均有一定疗效。

灌服羊水也能收到较好效果。后海穴注射麦角新碱2毫升可收到显著疗效。

用中药十全大补汤对体质虚弱者也可起到一定疗效。黄芪、党参、白术、云苓各10克，白芍、熟地、川芎、当归各6克，甘草、干姜各10克。

对表现痛苦、起卧不安、常有努责、恶露黑紫并有血块者可用中药治疗；当归、川芎、桃仁、艾叶各10克，炙甘草、炮姜各8克，水煎服。

对精神沉郁、耳耷头低、身体发热、口色红紫者，可用当归、川芎、桃仁、赤芍、丹皮、丹参、甘草各10克，水煎服。

2. 手术疗法：是对个体大的羊进行胎衣剥离。其方法是：首先把阴门和外露胎衣用消毒水彻底清洁、消毒，羊尾打上绷带拉向一侧，术者手臂消毒。

在术前半小时可用10%高渗盐水500毫升向子宫内灌注，以减弱胎盘与母体胎盘之间的联系，以便剥离。

剥离时，术者左手握住垂于阴门外的胎衣，同时稍用力加以捻转，使胎衣稍紧张，并稍用力向外拉紧。然后用消过毒的手伸入子宫内（遇有努责，手暂停前进），先剥离子宫体的胎衣，再剥离子宫角胎衣。胎衣剥离后，子宫内可灌注抗生素。

3. 对于流产的母羊，可采用人工按摩乳房的方法，促使胎衣排出。对于顽固性胎衣不下的，可从阴门外拧转拉出，每天注射雌激素保持子宫颈口开张，并注射长效阿莫西林，直到不排恶露为止。

四、阴道脱出

阴道脱出是指阴道壁松弛突出于阴门外或阴道全部翻出者。

按突出程度可分为阴道全脱和部分脱出两种。羊常见于妊娠末期几天内发生脱出。

【病因】母羊饲养管理不良，缺乏蛋白质和矿物质，机体瘦弱，腹压过大，促使子宫向骨盆后移，招致阴道脱出。

妊娠末期卧地时间过久，产前截瘫，子宫和内脏共同压迫阴道而脱出。

羊舍饲时运动不足。

年老母羊经产次数多，固定阴道的组织松弛。

产后努责过强时，阴道受到刺激，或伴有直肠脱出时也能诱发阴道脱出。

【症状】阴道部分脱出主要发生在妊娠期间，往往是阴道上壁从阴门突出。脱出部分由鸡蛋大到鹅蛋大。开始时，阴道脱出仅在病羊卧下时脱出，站立时仍能缩回。脱出时间过久，阴道旁组织变得松弛，脱出部分较大，病羊站立后仍不能缩回，则变为全脱。

产前阴道全脱，通常是先部分脱出后发展为全脱。脱出的阴道壁如球状物，脱出末期可看到子宫颈，子宫颈口上有黏稠的黏液塞，排出部分如拳头大。脱出阴道表面，初期粉红色，以后静脉瘀血，黏膜变成铁青色、发紫、水肿、干裂，有的出现糜烂，裂口和糜烂处有渗出液流出，黏膜上往往有粪便、泥土、垫草等污物。有时黏膜上出现血肿。

【治疗】

1. 阴道部分脱出，多发生在产前不久，治疗目的是使脱出部不再继续增大和受到损害，通常采用下列措施：

（1）增加放牧时间，使母羊卧下时间减少。

（2）改善饲养。加入易消化的精料，提高羊机体抵抗力。

（3）将病羊尾巴系于一侧，减少对脱出部分黏膜的刺激。

（4）如果以上措施不见效，可采用在阴门两侧用 70% 乙醇各点注射 5 毫升以提高阴道壁的紧张度。

2. 对阴道全脱者，可采取下列疗法。

（1）局部清理。脱出部分可用 1%盐水或 0.1%高锰酸钾液冲洗，除去坏死组织。若水肿严重，须用毛巾热敷，然后用消过毒的注射针头刺破水肿表面，再用灭菌纱布包裹挤出，使其缩小。清洗干净后涂以青霉素软膏。

（2）整复。整复之前，首先用 1%奴夫卡因 20 毫升做后海穴封闭。或用 5 毫升做荐尾麻醉，以防整复时病羊努责太急。整复的方法是将脱出的阴道壁垫上纱布，趁病羊不努责时，用手将脱出的阴道向阴门内托送，待全部送入阴门后，再将手握成拳头，将阴道顶回原位。这时手须在阴道内停留一定时间，以防继续努责而重新脱出。

（3）固定。采用改良的纽扣缝合法，在缝合线下衬以输液胶管，以防皮肤撕裂，到羊临产时应将固定的线拆除，以免引起人为的难产，如图 2 所示。

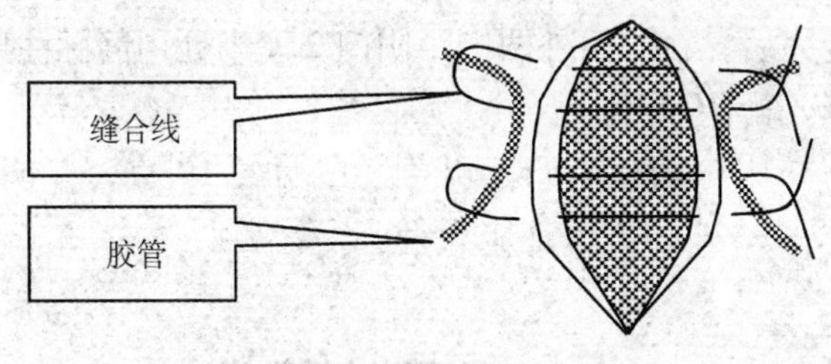

图 2　纽扣缝合法

（4）对于脱出轻微且接近预产期的羊，可采用前高后低的姿势圈养。

五、子宫脱出

整个子宫及阴道翻转于阴门之外，称子宫脱出。

【病因】子宫过度扩张，引起子宫弛缓及子宫阔韧带松弛收缩不全。

妊娠期间日粮不足、营养不良和缺乏运动。

助产时拉出胎儿过急，或胎衣不下、胎衣下垂等并发病。

【症状】脱出子宫，悬垂于阴门外如囊状，柔软，初呈红色，表面有子叶，呈暗红褐色，子叶上附着部分或全部黏膜。如果时间过长，黏膜水肿、瘀血，有时坏死、糜烂。

全身表现不时努责，体温升高，脉搏、呼吸加快，食欲减退，排粪困难。

【治疗】整复是较有效的疗法。其方法是先把子宫表面污染的泥土、杂草去掉，后用0.1%高锰酸钾溶液充分冲洗。如果黏膜水肿，针刺后应冲洗消毒，然后用2%普鲁卡因进行后海穴注射。最后用消毒纱布裹紧子宫缓缓将子宫送回原位，待病羊不努责后将手臂与纱布一起退回，并向子宫内注入青霉素液，最后用纽扣缝合法或烟包缝合法缝合阴门。

缝合完后，在阴门外两侧距阴门2厘米处用静脉注射针头各注入70%乙醇10毫升。

最后灌服中药：当归、川芎、白芍各10克，柴胡、升麻、黄芪各15克，水煎服，连服3天。

六、子宫内膜炎

由于分娩时或产后子宫感染，而使子宫内膜发炎，称子宫内膜炎。

【病因】由于难产时手术助产、截胎术、子宫内翻及脱出、胎膜滞留、子宫复原不全等造成的子宫内膜损伤及感染而发生。

胎膜滞留是产后子宫内膜炎的主要因素之一，这主要是分离胎衣时造成子宫黏膜创伤、擦伤而感染所致。

【症状】一般分急性子宫内膜炎与慢性子宫内膜炎两种。

急性子宫内膜炎多是产后 5~6 天排出多量的恶露，具有特殊的臭味，呈褐色、黄色或灰白色。有时恶露中有絮状物、宫阜分解产物和残留胎膜。后来渗出物中有多量的红细胞和脓性黏液，常见尾巴腹面粘有多量的脓性黏液。此时乳量减少，食欲减退，反刍紊乱，体温微高。

慢性子宫内膜炎，主要表现不定期地排出混浊的黏性渗出物。母羊多次发情，但屡配不孕。

【治疗】治疗原则是提高机体抵抗力、子宫紧张力和收缩力，促使子宫内渗出物的排出。

1. 全身疗法：主要是注射抗生素和磺胺类药物。同时加强饲养管理和适当加强运动，提高机体抵抗力。

2. 局部疗法：用 3%氯化钠溶液或 0.1%高锰酸钾溶液或 0.1%雷佛奴尔溶液、0.1%呋喃西林溶液对子宫进行冲洗，然后用青霉素溶液进行子宫内灌注。

为加强子宫收缩可注射麦角碱、脑垂体注射液、乙烯雌酚，所用药物每天 1~2 次。

3. 中药疗法：当归、川芎、白芍、丹皮、二花、连翘各 10 克，桃仁、茯苓各 5 克，水煎服。

七、生产瘫痪

生产瘫痪又称产后瘫痪，奶山羊较为多发，常常是分娩后 3 天内的一种急性而严重的低血钙症。临床上常伴有咽、舌、肠及四肢的知觉障碍和瘫痪为特征。

【病因】真正原因不清，一般认为急性低血钙症，是因长期饲喂含钙少的饲草、饲料而使血钙浓度降低，刺激甲状旁腺的分泌，导致产前和产后骨储库中代谢发生障碍所致。

【症状】根据本病表现症状不同分为轻重二型。

重型：病初表现抑郁、不安、乱动、食欲废绝、反刍停止、全身肌肉震颤，但持续时间不长，步态不稳，共济失调，企图起立，但起立时比较困难，最后越来越困难。后来，卧地不起，四肢屈曲，头转向后方，置于一侧肩胛上，也有平伸于地面。眼睑反射迟钝或消失，角膜混浊，口微张，舌外伸，吞咽困难，嗜睡，对痛觉反应迟钝。胃肠臌气，体温下降，最后瞳孔扩张，往往在几小时内死亡。

轻型：症状不显著，体温下降或保持正常。精神沉郁，食欲、反刍减弱，走路不稳，当伏卧时可看出颈部形成“S”状弯曲。

【治疗】

1. 乳房送风器送风：病羊背侧卧保定，露出全部乳房，以乙醇擦洗乳头，特别是乳头口及附近，然后把消过毒的乳导管（无导管时可用粗针头磨去尖代用）细心地从乳头管插入乳槽中，再缓缓打气，把空气挤入乳房中。打入的气以胀平乳房皮肤的皱襞为佳。量少不奏效，量多则破坏乳房实质。打完气后，拔去导管，然后用手轻轻捻动乳头，促进乳头括约肌的收缩，以防漏气。如果效果不明显，6~8 小时可再注入 1 次。

2. 补钙疗法：用 15%~20%的葡萄糖酸钙注射液，每次50~100 毫升缓缓静脉注射。也可用 5%氯化钙注射液 50 毫升缓缓静脉注射。

3. 针灸疗法：可火针风门、百会、中膊、大胯、掠草。

八、非传染性流产

流产是妊娠过程受到破坏而中断，其表现形式是胚胎被吸收，或者是产出死胎，或不足月胎儿。

【病因】非传染性流产发生原因大致有以下几种。

1. 胎儿及胎膜异常：胎儿畸形及胎儿器官发育异常；胎膜水肿，胎水过多或过少，胎盘炎，胎盘畸形均可导致流产。

2. 母羊患有疾病：如肝、肾、肺、胃肠的疾病（胃肠炎、肠臌气及其他腹痛病）及神经性疾病（脑炎）等，破坏了妊娠过程，引起流产。

3. 饲养管理不当：母羊长期饲料不足和机体瘦弱，饲料中缺乏维生素和矿物质；饲喂大量冷水和带冰饲料；饲料发霉或含毒物等。

4. 机械性损伤：如因饲养密度过大，互相冲撞、踢伤及挤压等也可造成流产。公母羊同圈饲养，互相爬跨，乱交配也是造成流产的重要因素。

此外是用药不当，大量应用促子宫收缩药，大量泻剂等。

【治疗】当发现有流产预兆时，应采取制止阵缩及努责的措施，可注射镇静药物（如苯巴比妥、水合氯醛）和黄体酮。母羊已完全排出胎儿及胎膜，无并发症时，应按产后母羊处理。如果胎儿死亡未排出，且子宫已开张时，可注射脑垂体后叶素1~2毫升，促进排出已死的胎儿。

九、新生羔羊窒息

羔羊产出时，呼吸发生障碍或无呼吸，而心脏仍然保持活动的，称为新生羔羊窒息或假死。

【病因】多见于母羊阵缩正常或强烈、分娩第二期延长时。因为这时胎盘上的血液循环发生障碍，或者一大部分胎儿胎盘脱离了母体胎盘，胎儿得不到足够的氧气，或者胎儿因为体内二氧化碳聚积，过早地发生呼吸反射，吸入羊水，均可发生窒息。此外，能造成胎盘或脐带血液循环障碍的其他因素，都可引起羔羊窒息。例如子宫强直性收缩，前置胎盘，脐带受到压迫或缠绕住胎儿身体的某一部分等。

母羊患严重高热疾病、大出血、贫血，均可使血液内氧气缺乏，二氧化碳增加，刺激胎儿过早地发生呼吸反射，将羊水吸入呼吸道内，引起呼吸障碍而发生窒息。

【症状】根据程度不同，可分为以下两种。

青色窒息：可见羔羊黏膜发紫，舌垂于口外，口腔和鼻腔内充满黏液，呼吸不匀，呼吸时胎儿口张开，且呼吸间隔时间长；有时咳嗽，肺部听诊有啰音，脉搏快而弱，四肢活动能力减弱。

白色窒息：胎儿没有活的表征。黏膜苍白，全身松软，反射消失，呼吸停止，摸不到脉搏。心脏仍然跳动，但极其微弱。

【治疗】首先尽快采取措施排除其口腔、鼻腔及呼吸道中的黏液及羊水，使其呼吸道通畅。为此，可将羔羊后躯抬高，并用纱布或手巾擦净鼻孔及口腔中的黏液，然后将连有橡皮球或注射器的橡皮管插入其鼻孔及气管中，尽可能吸净其中所积聚的黏液。

对羊羔可提起后肢，抖动并轻轻拍胸腹部，这样除了刺激呼吸反射外，还可促进呼吸道内黏液的排出。

此外，可用草秆刺激羔羊鼻黏膜，夏天用冷水浇洒羔羊，如果上述方法都不奏效，可重复进行人工呼吸。

在严重的白色窒息情况下，可采用吹入空气的方法。这种方法是首先将橡皮管插入鼻腔或气管内吸净黏液，然后每隔数秒徐徐吹入空气一次，吹气压力不可过大，否则，破坏肺泡，引起肺气肿。

在药物方面可应用樟脑水、安钠咖、尼可刹米等，也可采用刺激中枢神经的药物，如山梗菜碱1%溶液0.5毫升皮下注射。

十、难产

难产是由于母体或胎儿异常所引起的胎儿不能顺利通过产道的分娩疾病。难产不仅会造成胎儿死亡，而且还会影响母羊的生命。

引起难产的原因很多，包括母羊异常引起的难产和胎儿异常引起的难产两种。

（一）母羊异常引起的难产

母羊异常引起的难产有：阵缩及努责微弱，阵缩及努责过强，阴门及阴道狭窄，子宫颈狭窄，骨盆腔狭窄，子宫扭转等。但常见于阴门及阴道狭窄。

【病因】多半是初产母羊，其阴门及阴道壁弹性不够，助产时在产道内操作时间过长，造成阴道壁高度水肿，或阴道、阴门由于瘢痕或肿块所造成。

【症状】

1. 阴门狭窄：分娩时阴门扩张不大，在强烈努责时，胎儿唇部和蹄尖出现在阴门处不能通过，而使外阴部突出。但在努责的间歇期外阴部又恢复原状。

2. 阴道狭窄：阵缩及努责正常，但胎儿久不露出产道，阴道检查时可摸到狭窄部分。

【治疗】

1. 试行拉出胎儿：首先向阴门黏膜上涂布或向阴道内灌注润滑油或温肥皂水，让羊侧卧，后肢伸直；术者双手各拉一条前肢，一前一后向后下方用力；助手一手从尾根处向后推胎儿的脑后区，一手扩张阴门。

2. 切开狭窄部：如果试拉胎儿无效时，应切开狭窄部。阴道狭窄可切开狭窄部的阴道黏膜，拉出胎儿后应立即缝合；阴门狭窄时，可用外科剪剪开阴门上的会阴，胎儿即可产出，最后缝合切口。先缝合黏膜肌层，最后缝合皮肤及皮下组织。

（二）胎儿异常引起的难产

胎儿异常引起的难产常见有：胎头姿势不正、前肢姿势不正、后肢姿势不正等几种。

1. 胎头姿势不正：胎头姿势不正可分为胎头侧转、胎头下弯、胎头后仰和头颈扭转。

（1）胎头侧转：

【症状】从阴门伸出一长一短的两前肢，不见胎头露出。在骨盆前缘或子宫内，可摸到转向一侧的胎头或胎颈，通常是转向前肢伸出较短的一侧。

【治疗】助产。

头颈侧转较轻的，用手握住胎唇或眼眶，稍推胎头，然后就可拉出胎头。也可用手推胎儿的颈基部，腾出一些空间后，立即转握胎唇或眼眶拉正胎头。

头颈侧转较重的，可用单绳套拉正胎头。方法是在手的中间三指套上单绳带入子宫，将绳套套住下颌拉紧，在推胎儿同时，由助手拉绳拉正胎头。

如果无法矫正，可施行剖宫产。

（2）胎头下弯：

【症状】在阴门附近可能看到两蹄尖。在骨盆前缘胎头弯于两前肢之间，可摸到下弯的额部、顶部或颈部。

【治疗】将胎儿左前肢送回，推着胎儿头部，从胎儿的左侧绕回，然后将胎儿左前肢恢复原位置，将胎儿拉出。

（3）胎头后仰：

【症状】在产道内可发现两前肢向前，向后可摸到后仰的颈部的气管轮，再向前可摸到向上的胎头。

【治疗】最好使母羊站立，以便矫正。术者手握羔羊鼻端，

一边左右摇摆，一边将胎头拉入产道。也可用单绳套套住下颌，或用带绳产科钩钩住眼眶，在推动胎儿的同时，拉正胎头。

（4）头颈扭转：

【症状】两前肢入产道，在产道内可摸到下颌向上的胎头，可能位于两前肢之间或下方。

【治疗】助产。将头推入子宫，用手扭正胎头，再拉入产道。

2. 前肢姿势不正：前肢姿势不正可分为腕关节屈曲、肩肘屈曲、肩关节屈曲。但羊常见于腕关节屈曲。

【症状】一侧腕关节屈曲时，从产道伸出一前肢，而两侧性时，两前肢均不伸入产道。在产道内或骨盆前缘可摸到正常胎头及屈曲腕关节。

【治疗】助产。

首先把母羊后肢提起，使胎儿前移，便于矫正。术者用力将胎儿推至前方，然后握住不正肢的掌部，一边往里推，一边往上抬，再趁势下滑握住蹄子，在用力向上抬的同时，将蹄子拉入产道。

如果徒手矫正有困难，可将绳套套在系部，术者用手握掌骨上端向上并向里推的同时，由助手拉绳子，可将屈曲肢拉直，矫正前肢。

无法矫正时，可采用剖宫产手术。

3. 后肢姿势不正：倒生时，后肢姿势不正，有跗关节屈曲和髋关节屈曲两种。

（1）跗关节屈曲：

【症状】一侧跗关节屈曲时，从产道伸出一后肢，蹄底向上，产道检查时可摸到尾巴、肛门及屈曲的跗关节。两侧性的只能摸到尾巴、肛门及屈曲的两跗关节。

【治疗】方法基本和正生时腕关节屈曲相同。如胎儿已死亡可采用截胎术或剖宫产。

（2）髋关节屈曲：

【症状】一侧髋关节屈曲，从阴门伸出一蹄底向上的后肢，检查时可摸到尾巴、肛门、臀部及向前伸直的一后肢。两侧性的均可摸到尾巴、坐骨结节及向前伸的两后肢。

【治疗】首先用力推动胎儿，用手握胫部下端，可用消毒绳拴住胫部下端往后拉，使之变成跗关节屈曲，再按跗关节的助产方法进行。两侧屈曲时，按同样方法进行。胎儿已经死亡，或不易矫正拉出时，可进行剖宫产。

十一、母羊不孕症

母羊长期或暂时不能怀孕，严重影响羊群繁殖力，称之为不孕症。母羊不孕的原因是复杂的，受多种因素的影响。通常是由于母羊生殖器官及全身疾病、饲养管理不合理以及配种不当所引起的。当母羊发生不孕时，必须周密地进行检查和了解，找出原因，采取相应的措施。

【病因】

1. 生殖器发育异常：由于遗传及其他原因造成母羊生殖器官畸形，如阴道闭锁、尿道瓣发育过度、缺乏子宫颈、双子宫颈、子宫发育不全、输卵管不通、两性畸形（母羊具有两性生殖器官，外观上会阴较短、阴门狭小、阴蒂特别发达似龟头）等。

生殖器官畸形的羊只，一般没有治疗价值，一经确诊，应育肥宰杀。

2. 生殖器官炎症：由于细菌、病毒感染造成生殖器官炎症，在羊的不孕中占有较大的比例，其防治方法参看阴道炎、子宫炎

等各节。

3. 饲养管理不当引起的不孕：饲养管理不当是母羊不孕症中最为常见的原因。

（1）饲料不足、品种单纯或品质不良。长期的饲料不足或饲料品质不良，会使母羊机体瘦弱，其生殖功能减退或受到破坏，从而造成不孕。长期饲喂某种单一饲料，造成营养不平衡，即使母羊膘情良好，也可发生不孕。

营养不良、体质瘦弱时，母羊生长发育受阻，造成生殖系统发育幼稚，丧失正常功能，病羊在到达性成熟年龄之后，仍无发情表现。产后母羊可长期休情，或发情表现微弱，性周期紊乱，发情而不排卵。

当维生素 A 缺乏时，子宫黏膜发生上皮变性及卵细胞变性；维生素 B 缺乏时，性腺变性，发情周期不规律；维生素 E 缺乏时，可引起早期胚胎死亡和被吸收。

（2）精料过多，能量过剩，母羊肥胖，可引起卵巢发生脂肪变性浸润，致使卵巢功能减退，长期不发情、发情微弱或发情而不排卵。

（3）管理不当。母羊长期在潮湿、寒冷的圈舍内，缺乏经常性运动；外界气温突然改变，光照不足，突然改变母羊生活、环境条件等，可使母羊机体的新陈代谢功能降低，影响母羊的生殖功能。

【预防】改善饲养管理，这是使母羊恢复正常繁殖功能的根本措施。加强放牧和运动，给多样化的饲料，补饲富含蛋白质、维生素和矿物质的饲料。对过肥的母羊，可用多汁饲料代替精料，加强运动。

为了防止因气候改变而影响母羊生殖功能，应经常进行运动，并饲养在通风良好和干燥的羊舍内。新转到的羊只，可使其逐渐适应新地区的生活条件。

【治疗】

1. 孕酮+血促性素：孕酮每天10~20单位，每日1次，连用5天，第5天臀部肌内注射血促性素500单位。一般第7天发情，即可配种。

2. 三合激素：直接刺激生殖器官，有引导发情、促进排卵的作用，皮下注射2毫升，2~4天后发情，发情的第3天进行配种较好。但本情期配种的受胎率较低，若没怀孕可在下一情期自然发情时配种，受胎率较高。

3. 胎盘汤：取产后无病变的胎衣一个，用水冲干净后切成碎块放入桶中，加水5 000毫升，在75℃温水中灭菌半小时，进行过滤，候温灌服，每只母羊1 000毫升，用于体质虚弱而无力发情的母羊。

第八章
外科疾病

一、创伤

创伤根据有无感染化脓症状，可分为新鲜污染创和化脓性感染创。

（一）新鲜污染创

新鲜污染创是指在受伤时被污染，但还没出现感染症状的创伤，还包括手术创伤。

【病因】各种创伤多由机械器具（刀斧、钉、钩等）及咬、踢通过外力作用于机体，使受伤部皮肤或黏膜及深部组织发生破裂或缺损。

【症状】

1. 临床上一般可见到的症状有以下几种。

（1）出血：是新鲜创的主要症状，出血多少决定于受伤部位、创口大小、深度和血管损伤情况。

（2）疼痛：是感觉神经受到损伤所致。疼痛的程度决定于受伤的部位组织受损情况和个体特性。

（3）创口裂开：是由于受伤组织断离和收缩所致。其大小决定于受伤部位创口的方向、长度和深度等。

2. 不同的新鲜创伤具有不同的特点。

（1）擦伤：是机体皮肤与地面或其他物体强力摩擦所致的

皮肤损伤。其特点为：皮肤表层被擦破，伤部被毛和表皮剥脱，伤面带有微黄透明渗出液或露出鲜红的创面，并有少量血液和淋巴液渗出。

（2）刺伤：是由尖锐细长物体刺入组织内所发生的损伤。其特点为创口不大，具有深而窄的创道，深部组织常受损伤，但出血不多。如物质折断于创内，若不及时取出，极易感染化脓。

（3）切创：是各种锐利的物体所致的损伤。其特点是创缘和创面整齐，出血较多，有时创口裂开较宽。

（4）撕裂创：是由铁钩、铁钉、铁丝等尖锐物体将皮肤和组织撕裂所致的损伤。其特点为组织发生撕裂或剥离，创缘及创面不整齐，创内深浅不一，创口裂开显著。

（5）挫创：是由钝性外力的作用或动物跌倒在硬地上所致的组织损伤。其特点为：创缘不整，常有明显的被血液浸润的破碎组织，出血量小，疼痛厉害，创内常存有创囊及血凝块，常被被毛、泥土所污染，极易感染化脓。

（6）咬创：常因被狗或其他动物咬伤所致，被咬部位呈管状创或近似撕裂创或呈组织缺损创。创内有挫伤的组织，出血少，常继发蜂窝织炎。

【治疗】

1. 及时止血：根据创伤发生部位、种类和出血程度，可以采取压迫、填塞、钳夹、结扎等止血方法，也可采用下列药物止血。

（1）局部处理：

①外用止血粉，撒布创面。

②明胶海绵局部敷用，可制止毛细血管渗血。

③炭灰：用头发或鸭毛等烧灰，创面撒布。

④明矾 1 份、蒲公英 1 份共为细末，创面撒布。

（2）全身性止血：

①安络血 6 毫升肌内注射。

②维生素 K_3 注射液 5 毫升肌内注射。

③酚磺乙胺 6 毫升肌内注射。

④1%仙鹤素注射液 5 毫升肌内注射。

⑤地榆 30 克、焦炭 25 克、黄芪 30 克共为细末，加水灌服。

2. 清洁创围：先用灭菌纱布将创口盖住，剪去周围被毛，用温肥皂水或消毒液将创围清洗干净，注意勿使清创液进入创口内，然后用 5%碘酊进行周围消毒。

3. 清理创腔：用镊子仔细除去创内异物，反复用生理盐水或防腐消毒液洗涤创内，直至洗净为止，然后用灭菌纱布轻轻地擦去创内残存的药液和污物。

创伤清洗后，根据创伤性质和组织损伤程度，可进行清创手术。组织损伤严重的创伤，应整修创缘，扩大创口，消除创囊，充分暴露创底，除去深部挫伤组织、异物和凝血块，然后用生理盐水冲洗创腔。

4. 应用药物：经清创处理彻底，创面整齐又便于缝合的创伤，可不必上药。也可在创面涂布碘酊，或用 0.25%奴夫卡因加适量青霉素向创内灌注，或消炎粉撒布，然后进行缝合。

有明显污染的创伤，可向创内撒布碘仿磺胺粉（1∶9）、青霉素粉，或芩膏生肌散：黄芩 3 份、白及 2 份、煅石膏 1 份共为细末，创内撒布。

蒲黄粉：地榆、蒲黄、白及等量共为细末，创内撒布。

珍珠散：红粉 16 克、轻粉 16 克、甘石粉 500 克、珍珠母 19 克、冰片 16 克，共为细末，创内撒布。

5. 缝合包扎：创面整齐，清创处理彻底后，创口可密闭缝合；有感染危险时，可进行部分缝合；创口裂开过宽，不能进行全部缝合时，可缝合两端，中央任其开放；组织损伤严重不便于缝合时，可行开放疗法。四肢下部创伤应进行包扎。

6. 全身疗法：为防止感染，全身注射抗破伤风血清、青霉素、链霉素，或内服消炎解毒散：黄芩、黄柏、二花、板蓝根各10克，生地黄、寸冬、当归各9克共为细末，水冲内服，连服5天。

（二）化脓性感染创

化脓性感染创是指创内有大量细菌侵入，出现化脓性炎症的创伤。化脓性感染创的临床表现，除具有新鲜创的症状外，在发展过程中可以分为两个不同阶段，即化脓期和肉芽增生期。

【症状】

1. 化脓期（化脓创）：创缘及创面肿胀，疼痛，局部温度增高，内有脓汁，不断从创口流出，常在创围堆积成很厚的脓痂，妨碍脓汁外流。创腔较浅时，随着急性炎症的消散，脓汁形成逐渐减少。创腔深而创口小或创内有异物时，有时发生脓肿或蜂窝织炎。在化脓过程中，常伴有体温升高，食欲降低、反刍减少等全身症状。

2. 肉芽增生期（肉芽创）：随着化脓性炎症的减退，创内即出现新生肉芽组织。正常肉芽组织比较坚实，呈红色平整颗粒状，并附有少量黏稠的带灰白色的脓性分泌物。

【治疗】

1. 化脓创的治疗：一般按下列步骤进行。

（1）清洁创围。剪去化脓创周围被毛及污物，用消毒液清洗干净，然后涂以碘酊等防腐消毒液。

（2）冲洗创腔。常用0.1%高锰酸钾溶液、3%过氧化氢溶液、0.02%呋喃西林溶液、0.01%新洁尔灭溶液等消毒防腐药液反复冲洗创腔，直至脓汁冲净为止。

（3）处理创腔。根据创伤情况，进行扩创；清除创囊，除去异物，切除坏死组织，排出脓汁。

（4）局部用药。急性化脓阶段，使用10%食盐水、20%硫酸镁呋喃西林溶液、10%硫酸钠溶液进行灌注或引流，加速坏死

组织液化脱落，促进创伤净化。

急性炎症减退，化脓减少，可用下列药物灌注或引流。

碘仿蓖麻油：碘仿蓖麻油 100 毫升加碘酊成浓茶色。

纱布引流：用上述药液浸湿适当长度和宽度的纱布条后，将其一端导入创伤深处，另一端游离于创口下角引流。当化脓炎症缓和，脓性显著减少时不可再用。

（5）全身用药。在化脓创急性炎症的进行中，可静脉注射5%碳酸氢钠注射液 100~200 毫升，每日 1 次，连用 3 天。另外伴有体温升高时可肌内注射抗生素，或内服清热解毒中药。

2. 肉芽创治疗：主要是促进肉芽组织迅速生长，保护肉芽组织不受损伤，加速创缘上皮新生，防止肉芽赘生。

（1）清理创围。

（2）清理创面。可用生理盐水清洗，切忌强力摩擦或乱削。以免损伤肉芽组织而继发感染。

（3）局部用药。选择刺激性小、促进肉芽组织和上皮生长的药物。常用药物有碘甘油、青霉素软膏、磺胺软膏。

肉芽组织长满创腔，并与创缘长平时，可涂龙胆紫乙醇以促使结痂。若肉芽组织生长过度可用 5%硫酸铜或 1%硝酸银溶液涂抹。

二、腰损伤

腰损伤是由于外力作用所引起的腰部椎骨及其软组织损伤。重度腰损伤常伴有脊髓损伤。

【病因】主要为跌倒、坠落、打击等。如羊啃青时有人用棍、砖头投打其腰部。

【症状】腰部损伤因外力作用的强弱、受伤组织器官的种类及程度不同，临床表现也不一样。

轻度损伤：是椎间关节扭伤或肌肉受剧伸，而局部变化不明显。主要表现为运动时腰部发硬，两后肢运步不灵活，有时打晃。后肢转弯困难，叩打腰部，有疼痛反应。

胸、腰椎棘突或腰椎横突开裂时，局部肿胀，触诊时温度升高，表现疼痛不安；腰部骨折时病羊卧地不能站立。

脊髓挫伤时，病羊出现后躯麻痹或不全麻痹，卧地不起，脉搏、呼吸加快，排粪、尿失禁，损伤后部呈明显的皮肤感觉丧失，针刺不见反应。

【治疗】轻度损伤可用热乙醇或樟脑乙醇热敷或注射当归注射剂、维生素 B_1 注射剂。疼痛明显时可注射安乃近。急性炎症消退后，可注射士的宁等药物。

也可针刺百会、肾俞，并用当归、红花、乳香、没药各 6 克，川断、牛膝、木瓜各 9 克，共为细末，黄酒 50 毫升为引，灌服。

胸、腰椎棘突骨折、脊髓挫伤等重度损伤无治疗价值。

三、脐疝

脐疝是指腹腔脏器经脐孔脱出于皮下，本病常见于羔羊，脱出脏器多为小肠或网膜。

【症状】幼羊的脐疝多为可复性疝。脐部出现局限性、半球形、柔软无痛性肿胀。其大小可由鸡蛋大至拳头大，当病羊仰卧或用手按压疝囊肿胀部可缩小或消失，并可摸到脐孔。经久病羊常有粘连。当腹压增大时，脱出肠管多时，可发生嵌闭性疝。

【治疗】对脐疝治疗主要采取手术疗法：对可复性疝手术，羊禁食 1 天，禁水半天，将病羊仰卧保定，麻醉后切开疝囊，最好不切开腹膜，并剥离腹膜，将腹膜与疝内容物一起还纳腹腔。根据疝孔大小可采取结节缝合或连续缝合法，以闭锁疝轮，最后

缝合皮肤。

四、羔羊脐炎

脐炎是脐带血管及其周围组织遭受感染所引起的炎症，可分为脐血管炎及坏疽性脐炎。当炎症蔓延时，可引起腹膜炎，特别是化脓菌沿脐血管侵入体内时，易继发败血症及脓毒败血症，有时感染破伤风杆菌而并发破伤风。

【症状】

1. 脐血管炎：患病幼羊精神不振，不愿吃奶，喜弓腰立于一隅，由于脐部疼痛而不愿行走。有时体温升高，呼吸、脉搏加快，脐部周围多被感染。触诊时有热痛，脐带中央有较硬的索状物，穿刺时有脓汁排出。

2. 坏疽性脐炎：又称脐带坏疽。脐带断端湿润，呈污红色，并有恶臭味，溃烂，形成脐部溃疡。

【治疗】脐血管炎初期，可于脐孔周围皮下注射青霉素、普鲁卡因溶液，并涂布碘酊。如已化脓，应及时切开排脓。体温升高时，应及时注射抗生素和磺胺类药物。

对坏疽性脐炎，必须切除坏死组织，以碘酊处理创口，并向创口内撒布碘仿磺胺粉。为防止并发症，可肌内注射抗生素。

五、腐蹄病

【病因】炎热雨季，圈舍潮湿泥泞，易患腐蹄病。诱因是草中钙、磷不平衡，致使蹄部角质疏松，粪尿雨水浸泡后，局部组织软化，以及被石子、铁屑、玻璃碴等刺伤蹄部，均能致病。也有因蹄冠与角质层裂缝而感染病菌。

【症状】病羊跛行，食欲降低，喜卧怕立，行走困难。

用刀切割扩创后，蹄底的小孔或大洞中有污黑臭水流出，蹄间常有溃疡面，上覆盖着恶臭的坏死物，严重时，蹄壳腐烂变形，卧地不起，久卧压成褥疮，还能引起全身败血症。

【治疗】对病羊应及时修整蹄部，如蹄叉腐烂，可用5%~10%的浓碘酊或1%~2%的高锰酸钾溶液涂洗，若是蹄底软组织腐烂，要彻底扩创清洗，然后在蹄底孔或洞内用5%硫酸铜粉或5%水杨酸粉填塞包扎，外面再涂上松馏油，借以防腐防酸，也可用磺胺或一些抗生素软膏等。对急性病例，要控制败血症的发生，还应该注意用青霉素、链霉素以及广谱抗生素药物进行全身治疗。同时要做好预防工作，注意喂给适量矿物质，及时清除圈舍中的积粪尿。在圈进门处要放置10%的硫酸铜溶液浸湿草袋，实行每日1~2次的蹄部消毒。

六、眼病

本病多发生在炎热和湿度较高的夏秋季节，传染很快，多呈地方性流行，发病率可达90%~100%，但病死率很低，多发生在一侧或两侧眼部。病羊流泪，怕光，眼睑肿胀，有脓性分泌物，发病当天可见角膜混浊，呈灰白色半透明或乳白色不透明，一般先从角膜边缘开始，渐向眼中央发展，最后，可使视力完全丧失。

【治疗】①用1%~2%硼酸水冲洗干净。②四环素眼药膏每天早晚各一次涂于眼中。③青霉素和链霉素各50万单位加蒸馏水10毫升冲洗，10毫升肌内注射。

七、骨折

羊股骨骨折后，如能及时进行治疗，即可防止造成不应有的

损失。

【治疗】首先要将患部的毛剪净，用5%碘酒消毒，随即将骨折处下拉直，手整复位。在复位后要先在骨折处敷上下述药物：木瓜、蒲公英各50克，大黄125克，乳香、没药、虹蝎各25克，研成细末，再用白酒调匀，然后用绷带缠绕4~5层。在绷带外股骨伤口的两侧用长15厘米、宽5厘米的薄竹片（或木板）固定（用细麻绳或尼龙绳分上、中、下三处捆结实，松紧要适当）。

要连续3天肌内注射普鲁卡因适量，青霉素160万单位（第一次加倍），每天1次，7天换敷药1次，继续固定。

要专人看护，喂优质饲料，适当补以含有骨粉及多种维生素的精料，防止造成便秘。

从第3天起，每天将羊扶起站立3次，每次2~3分钟，让其采食、饮水。第5天起可扶起在栏内做适当运动，第12天可以自行站立采食，第21天可取下夹板，第25天即痊愈。

第九章
常用疫苗及药物

一、常用疫苗

羊的常用疫苗，详见表5。

表5 常用疫苗一览表

名称	保存及有效期	用途及免疫期	用法	注意事项
小反刍兽疫	2~8℃真空避光（-20℃更好）保存，保存期2年	预防山羊、绵羊及野生小反刍兽的小反刍兽疫。免疫期3年	每瓶冻干苗100份，用50毫升生理盐水稀释后，月龄以上山羊、绵羊均皮下注射0.5毫升	该病为羊的一类病，属国家强制免疫病种，凡动物防疫机构发放疫苗地区羊群，均应按要求接种
羊快疫、猝疽（或羔羊痢疾）、肠毒血症三联灭活疫苗	2~8℃，冷暗干燥处保存，保存期为2年	预防羊快疫、猝疽、羔羊痢疾和肠毒血症，注射后14天产生免疫力，免疫期可达半年	不论羊只大小一律皮下或肌内注射5毫升，注射时疫苗应充分摇匀，并自然升温至室温时使用	①疫苗在吸入注射器前应充分振摇均匀，以免菌体及毒素分布不均匀而影响效力，每次注射前也必须摇匀。②严寒季节坚决不要冻结，以免失效。③使用前仔细检查，发现玻璃瓶破裂，无瓶签批号，疫苗中混有杂质及超过有效期，均禁止使用。④不健康羊只不宜注射。⑤注射后，部分羊只轻度跛行，能很快恢复正常，不影响放牧

续表

名称	保存及有效期	用途及免疫期	用法	注意事项
口蹄疫O型、Asia Ⅰ型双价灭活苗	2~8℃下避光保存，保存期为1年	预防羊的口蹄疫病	肌内注射，成年羊每只1毫升，羔羊0.5毫升	初次使用易出现疫苗反应，一般半天或1天不食
山羊痘活疫苗	在-15℃下保存，有效期为2年；2~8℃保存有效期为1年半	用于预防山羊痘和绵羊痘，接种后4~5天产生免疫力，免疫期为1年	每头份用生理盐水0.5毫升稀释，所有羊一律在尾下或股内侧皮内接种0.5毫升	①本疫苗注射在皮下无效。②在有羊痘流行的羊群中，可对不发痘的健康羊进行紧急接种。③注射本疫苗后，一般无可见的疫苗反应
羊大肠杆菌疫苗	2~15℃冷暗干燥处存放，有效期为1年半	预防羊大肠杆菌病，注射后14天产生免疫力，免疫持续期为5个月	3个月以上的山羊、绵羊皮下注射2毫升，3个月以下的羔羊皮下注射0.5毫升	①注射时疫苗要充分摇匀。②不健康或体温不正常的羊均不宜注射。③注射本疫苗后，有一定程度的不良反应。对过敏严重的应注射肾上腺素抢救
羊厌气菌五联疫苗	2~15℃冷暗干燥处保存，有效期为1年半	预防羊快疫、羔羊痢疾、猝疽、肠毒血症和黑疫，注射后14天产生免疫力，免疫期半年	凡健康的羊不论年龄大小一律皮下或肌内注射5毫升	不健康的羊不宜注射。本菌苗在贮运或野外注射过程中，切忌冻结。临用时须充分振摇均匀，以确保用量准确
羊链球菌氢氧化铝疫苗	2~15℃冷暗干燥处保存，有效期为1年	预防山羊和绵羊的传染性链球菌病，注射14~21天产生免疫力，免疫期约半年	不论大小，一律皮下注射3毫升，3月龄以下的羔羊第一次注射后14~21天再注射第二次，剂量仍为3毫升	①使用时，疫苗要充分振摇均匀。②冻结过的疫苗效力减低和失效，不能使用

续表

名称	保存及有效期	用途及免疫期	用法	注意事项
羊梭菌多联干粉疫苗	2~15℃冷暗干燥处保存，有效期为5年	预防多种梭菌病，免疫期为1年	按说明书注明的头份数，用20%的氢氧化铝胶生理盐水溶解，充分振摇后，不论年龄大小，每只羊均肌内或皮下注射1毫升	
羔羊痢疾氢氧化铝疫苗（母羊专用苗）	在2~15℃冷暗干燥处保存，有效期为1年半	专供怀孕母羊注射，预防初生羔羊痢疾。母羊注射疫苗10天后产生可靠免疫力，初生羔羊通过哺乳产生被动免疫	孕羊皮下或肌内注射2次，第一次在产前20~30天，左股内侧皮下注射疫苗2毫升，第二次在产前10~20天于右股内侧皮下注射3毫升	①疫苗在吸入注射器前和每次注射前都应充分摇匀，有少量较粗的颗粒也可使用。②疫苗切忌冻结，冻过的不能使用。③谨慎操作，以免引起孕羊机械性流产
羊伪狂犬病疫苗	2~15℃冷暗干燥处保存,有效期为2年；16~25℃保存，有效期为1个月	用于预防羊伪狂犬病，免疫期山羊为6个月	成年羊颈部皮下注射5毫升	防止冻结，冻过的疫苗不能使用

续表

名称	保存及有效期	用途及免疫期	用法	注意事项
羊衣原体流产病油乳剂灭活苗	4~10℃保存，有效期为1年	预防山羊、绵羊衣原体病，免疫期为7个月	山羊或绵羊均于皮下注射3毫升	
山羊传染性胸膜肺炎氢氧化铝疫苗	2~10℃冷暗干燥处保存，有效期为1年半	预防山羊传染性胸膜肺炎，注射后，14天产生可靠免疫力，免疫期为1年	6月龄以下的山羊羔，皮下或肌内注射3毫升，6月龄以上的山羊，皮下或肌内注射5毫升	①本疫苗切忌冻结、高温和日光直接照射。②用于颈部皮下注射，应离肩胛较远，否则引起跛行。③在已流行山羊传染性胸膜肺炎的羊群，必须先检查体温，凡体温超过40℃者不应注射。④经注射的山羊，无任何体温反应，但刚刚注射后出现不安现象，可立即恢复，在注射部位出现蚕豆大至核桃大硬结，对羊的健康无影响
羊传染性脓疮皮炎弱毒冻干苗（HCE株）	-10~-20℃保存，有效期为10个月；4℃左右保存，有效期为5个月；10~25℃保存，有效期为2个月	用于预防山羊和绵羊的传染性脓疮皮炎病，免疫期为3~5个月	用于各种年龄的羊，非流行区用唇黏膜划痕接种或黏膜内注射0.2毫升。流行区用股内侧划痕接种，剂量为0.2毫升	GO-BT弱毒苗保护期5个月，假定健康羊口唇内划痕0.2毫升/只，染疫羊群股内划痕0.2毫升/只

附：我国主要生产羊用疫苗的动物生物制品厂家及产品简介：

1. 兰州中农威特生物科技股份有限公司

   牛、羊用口蹄疫疫苗　100 毫升、50 毫升

2. 山东泰丰生物制品有限公司

   山羊支原体肺炎活疫苗　100 毫升

   羊传染性脓疱皮炎（羊口疮）　20 头份

3. 哈药集团黑龙江生物一厂

   羊传染性胸膜肺炎灭活疫苗　100 毫升

   羊大肠杆菌灭活疫苗　100 毫升

   羊链球菌灭活疫苗　100 毫升

   羊猝疽、快疫、肠毒血症、羔羊痢疾四联灭活疫苗　20 头份

   羊痘活疫苗　50 头份

   羊伪狂犬活疫苗　50 头份

4. 成都川宏生物科技有限公司

   羊猝疽、快疫、肠毒血症、羔羊痢疾四联灭活疫苗　100 毫升

   羊传染性胸膜肺炎灭活疫苗　100 毫升

5. 山东绿都生物科技有限公司

   羊猝疽、快疫、肠毒血症、羔羊痢疾四联灭活疫苗　100 毫升

6. 新疆天康控股（集团）有限公司

   羊小反刍兽疫活疫苗　100 毫升

7. 金宇保灵生物药品有限公司

   布氏菌病活疫苗（S2 株）　40 头份、80 头份

二、兽药的基本知识与羊常用药物

（一）兽药的基本知识

1. 药物、制剂与剂型：药物是供治疗、预防及诊断疾病所用物质的统称。

可以直接用于动物的药制品称为制剂。供配制各种制剂的药物原料，称为原料药。原料药按其化学组成或成分基本上可分为四类：无机化学药品类（如氯化钠、碘）；有机化学药品类（如安乃近、乙醚）；生药类（如洋地黄叶粉）；其他生物性药品类（包括生化药品、抗生素、激素、维生素及生物制品等）。药物制剂的类别称为剂型，按形态可分为液体、半固体、固体等几类。

（1）液体剂型有下列几种：溶液剂、合剂、注射剂、滴眼剂、擦剂、煎剂及浸剂、酊剂、醑剂、流浸膏剂、乳剂、气雾剂等。

（2）半固体剂型可分为软膏剂、舔剂、浸膏剂、硬膏剂、糊剂等几种。

（3）固体剂型可分为散剂、丸剂、片剂、胶囊剂、栓剂等几种。

2. 药物的治疗作用和不良反应：治疗药物对动物机体的作用，从疗效上看，可归纳为两类，一类是符合用药目的，具有达到防治效果的作用，称治疗作用；另一类是不符合用药目的，对动物机体产生有害的作用，称不良反应。

3. 药物的选择：治疗某种疾病，常有数种药物可以采用。但究竟采用哪种最为恰当，可根据以下几个方面考虑决定。

（1）疗效好。为了尽快治愈疾病，应选择疗效好的药物。如治疗羔羊痢疾，四环素、氨苄青霉素、黄连素、氟苯尼考都可采用，但以氟苯尼考疗效最好，可以作为首选药物。

（2）不良反应小。有的药物疗效虽好，但毒副作用严重，选药时不得不放弃，而改用疗效虽稍差但毒副作用小的药物。例如可待因止咳效果很好，但因有抑制呼吸等副作用，所以一般不用。

（3）价廉易得。动物是有一定经济价值的，治疗动物疾病，必须精打细算，应选择那些疗效确实又价低易得的药物，例如用磺胺类治疗全身感染，多选用磺胺嘧啶，而少用磺胺甲基异噁唑。

4. 用药注意事项：

（1）要对症下药，不可滥用。每一种药都有它的适应证，如果用错了，不但造成浪费，还可造成药害，甚至危及病畜生命。

（2）选择最适宜的给药方法。根据病情缓急、用药目的及药物本身的性质来确定最适宜的给药方法。如重危病例，宜采用静脉注射给药，治疗肠道感染或驱虫时，宜内服给药。

（3）注意剂量、给药时间和次数。为了达到预期效果，减少不良反应，用药剂量应当准确，并按规定时间和次数给药。

（4）注意性别、年龄与个体差异。一般来说，幼龄与老年家畜及母畜，对药物的敏感性比成年家畜和公畜高，故用量应适当减少，妊娠后期的母畜对毛果芸香碱等拟胆碱药物敏感，易引起流产，故应慎重选用。

（5）合理地联合用药。两种以上药物在同一时间内合用可以互不影响，但是在许多情况下两药合用总有一药或两药作用受到影响，一般来说联合用药可出现协同作用、拮抗作用和毒性反应三种情况，我们应尽量利用药物的协同作用（如磺胺与抗菌增效剂合用），尽量避免出现拮抗作用或产生毒性反应。

（6）注意配伍禁忌。为了获得更好的疗效，常将两种以上

药物配伍使用，但配合不当，则可能出现减弱疗效或增加毒性的变化。这种配伍变化属于禁忌，必须避免。药物的配伍禁忌可分为药理的（药理作用互相抵消或使毒性增加）、化学的（呈现沉淀、产气、变色及肉眼不可见的水解等化学变化）和物理的（产生潮解液化或从溶液中析出结晶等物理变化）。

（二）羊常用药物

1. 抗微生物药：

（1）青霉素（也叫青霉素钾或钠）：粉剂，白色结晶性粉末，极易溶于水，有吸湿性，性质较稳定，耐热性也强。稀释后应马上使用，否则作用降低很多。在临床上主要用于抗菌消炎，适应证为坏死杆菌病、炭疽、破伤风、恶性水肿、气肿疽、肾炎、乳房炎、子宫炎、放线菌病、各种呼吸道感染等。用法：临用前用注射用水或灭菌生理盐水溶解，供肌内注射。用量每千克体重2万~4万单位，每日2~3次。

（2）硫酸链霉素：白色或类白色粉末，有吸湿性，易溶于水。临床上主要用于肠炎、乳腺炎、子宫炎、败血症、肺炎、放线菌病、结核等病。用法：临用前用适量注射用水稀释，肌内注射，每千克体重10~15毫克，每日2次。

（3）硫酸卡那霉素：白色粉末，有吸湿性，易溶于水。临床上主要用于呼吸道感染、泌尿道感染、乳腺炎、坏死性肠炎等。用法：肌内注射每千克体重10~15毫克，每日2次。

（4）硫酸庆大霉素：广谱抗生素，为白色粉末，有吸湿性，易溶于水。在临床上主要用于耐药性葡萄球菌、绿脓杆菌、变形杆菌、大肠杆菌等所引起的各种感染，如呼吸道、泌尿道感染、败血症、乳腺炎、肠炎等。用法：片剂口服，每千克体重15~20毫克，针剂肌内或皮下注射，每千克体重1.5~2毫克，每日2次。

（5）土霉素：土黄色粉末，难溶于水，应遮光、密封保存。

本药为广谱抗生素，临床上主要用于治疗沙门菌病、出血性败血症、布氏杆菌病、炭疽、痢疾、子宫炎、坏死杆菌病、放线菌病、气肿疽等。用法：每千克体重 20~30 毫克，每日 2~3 次，内服；针剂，每千克体重 10~15 毫克，肌内注射，每日 2 次。

（6）金霉素：金黄色或黄色结晶，微溶于水，作用与土霉素相同，临床上主要用于沙门菌病、布氏杆菌病、炭疽、母畜产后子宫炎等。用法：每千克体重内服 15~30 毫克，每日 2 次；静脉注射，每千克体重 5~10 毫克，每日 1 次。软膏可外用，眼膏也可外用。

（7）四环素：为黄色结晶粉末，有吸湿性，可溶于水。作用大致与土霉素相同，但此药对革兰氏阴性菌作用较强，内服后吸收良好，维持时间较长，临床应用大致与土霉素相同。用法：片剂内服，每千克体重 15~30 毫克，每日 2 次；静脉注射，加入糖盐水中，每千克体重 5~10 毫克。

（8）红霉素：为白色或近白色结晶粉末，难溶于水，其盐类易溶于水。抗生谱与青霉素相似，对各种革兰氏阳性菌有较强的抗菌作用。临床上多用于肺炎、败血症、子宫内膜炎等，与链霉素合用，可获得协同作用。用法：片剂内服，每千克体重 7~9 毫克，分 3 次内服。粉针：加入葡萄糖注射液中，每千克体重 2~4 毫克，每日 1~2 次。

（9）螺旋霉素：为白色至淡黄色粉末，微溶于水，广谱抗生素，由于排泄慢、组织亲和力强，在体内的抗菌效力优于同类抗生素，特别是对肺炎球菌、链球菌效力更佳。临床上多用于呼吸道感染、慢性呼吸道疾病、肠炎、子宫炎、坏死杆菌病等。用法：针剂，肌内或皮下注射，每千克体重 10~15 毫克，每日 1~2 次。

3. 其他常用药：见表 6（用法中肌内注射简称为肌注，静脉注射简称为静注）。

表6　其他常用药

药物名称	剂型	临床应用	用法	用量	备注
痢菌净	针剂	抗菌药,用于细菌性腹泻和痢疾	肌注	2.5～5毫克/(千克·次)	每日2次
氟哌酸	胶囊	抗菌药,用于细菌性腹泻、痢疾等	内服	1~3粒/次	每日1～2次
利福平	散粉	结核、肠炎、布氏杆菌病等	内服	0.5~1克/次	每日1次
磺胺噻唑(短效)	片剂或针剂	抗菌消炎,用于呼吸道感染、消化道感染、腹膜炎、乳腺炎、布氏杆菌病、感冒、败血症、巴氏杆菌病等	内服 肌注	首次0.2～0.3克/千克,维持量0.1~0.2克/(千克·次) 0.07克/(千克·次)	配等量碳酸氢钠,每天3次 每日2次
磺胺嘧啶(中效)	片剂或针剂	除上述作用外,还可应用于脑部细菌性感染、白细胞原虫病等	内服 肌注	首次0.14～0.2克/千克,维持量0.07~0.1克 0.07～0.1克/(千克·次)	配等量碳酸钠,每天3次 每日2次
磺胺甲基苯吡唑(长效)	片剂	除上述作用外,还可应用于脑部细菌性感染、白细胞原虫病等	内服	0.1克/(千克·次)	每日1次
呋喃唑酮(痢特灵)	片剂	抗菌消炎,用于痢疾,各种肠道感染	内服	2～5毫克/(千克·次)	每日2～3次
吗啉胍	片剂	流感,结膜炎,水痘,疱疹,腮腺炎	内服	0.2~0.5克/次	每日2次
龙胆酊	酊剂	消化不良,食欲缺乏	内服	10~15毫升/次	每日1次

续表

药物名称	剂型	临床应用	用法	用量	备注
陈皮酊	酊剂	消化不良，积食气胀	内服	10~20毫升/次	每日1次
桂皮酊	酊剂	消化不良，胃肠气胀	内服	10~20毫升/次	每日1次
复方豆蔻酊	酊剂	消化不良，前胃迟缓，胃肠气胀	内服	10~20毫升/次	每日1次
姜酊	酊剂	四肢厥冷，消化不良，胃肠气胀，风湿麻痹，风感等	内服	15~30毫升/次	每日1次
茴香酊	酊剂	消化不良，积食，气胀，干咳等	内服	15~30毫克/次	每日1次
碳酸氢钠（小苏打）	片剂 针剂	健胃，缓解酸中毒，去痰外用 酸中毒	内服 静注	5~15克/次 2~6克/次	可作为磺胺类药物的配合药
氯化钠	粉剂 针剂0.9% 针剂10%	健胃 低钠症，脱水，严重腹泻 提高渗透压，促进胃肠蠕动	内服 静注 静注	5~10克/次 200~500毫升/次 0.07克/（千克·次）	速度要慢
人工盐	粉剂	消化不良，胃肠蠕动迟缓，便秘	内服	10~50克/次	不能与酸类合用
稀盐酸	液体	胃酸缺乏引起的消化不良	内服	2~5毫升/次	每日1~2次
干酵母	片剂	消化不良，酮血症等	内服	30~60克/次	每日1~2次
马前子酊	酊剂	前胃迟缓，瘤胃积食，消化不良	内服	2~3毫升/次	每日1~2次

续表

药物名称	剂型	临床应用	用法	用量	备注
酒石酸锑钾	粉剂	催吐,前胃迟缓,祛痰	内服	0.2~0.3 克/次	每日 1~2 次
硫酸钠(芒硝)	粉剂	消化不良,便秘,肠阻塞	内服 内服	3~10 克/次 40~100 克/次	健胃量 泻下量
硫酸镁(泻盐)	粉剂	内服小剂量,健胃;大剂量,泻下利胆	内服	5~10 克/次	健胃量
		外用 20% 硫酸镁消肿,消炎,排毒,止痛	外用	0.2 克/(千克·次)	泻下量
	针剂	抗惊厥,用于膈肌痉挛,缓解破伤风的肌肉强直症状	静注	2.5~7.5 克	静注量
大黄	粉剂	泻火解毒,通便逐瘀	内服	3~5 克/次	健胃量
大黄酊	酊剂	消化不良	内服	10~20 毫升/次	每日 2 次
大黄苏打片	片剂	食欲缺乏,消化不良	内服	8~15 克/次	每日 2~3 次
蓖麻油	油液	便秘时润滑肠道,有缓泻作用	内服	20~60 毫升/次	煮沸后放凉再用
石蜡油	油液	小肠便秘,瘤胃积食	内服	100~300 毫升/次	
鞣酸	粉剂	止泻收敛	内服	2~5 克/次	每日 1~2 次
鞣酸蛋白	粉剂	收敛消炎,止泻,急性肠炎	内服	3~6 克/次	每日 2~3 次
矽炭银	片剂	急性肠炎,腹泻,肠内发酵	内服	5~10 克/次	每日 2~3 次

续表

药物名称	剂型	临床应用	用法	用量	备注
药用炭	片剂	腹泻、肠炎、毒物中毒等	内服	10~25克/次	每日2~3次
苯酚(石炭酸)	粉剂	2%~5%水溶液,用于环境、器械消毒	外用		
煤酚(甲酚)(来苏儿)	液体	1%~2%溶液,用于体表、器械、厩舍、环境消毒	外用		
10%鱼石脂	软膏	外用,治疗慢性皮炎、蜂窝织炎、肌腱炎、溃疡、湿疹	外用		
鱼石脂(依克度)	半液体	内服,治疗瘤胃臌胀、前胃迟缓、胃肠气胀	内服	1~5克/次	用前配成3%~5%溶液
乙醇(酒精)	液体	70%~75%浓度,外用、皮肤消毒等	外用		
甲醛溶液	液体	环境消毒及保存标本	外用		
乌洛托品	针剂	用于革兰氏阴性菌,尿路感染	静注	5~10克/次	
氢氧化钠	片状	2%溶液,环境消毒;5%溶液,炭疽芽孢消毒	外用		
氧化钙(生石灰)	块或粉	10%~20%石灰乳,厩舍消毒	外用		
高锰酸钾	粉剂	消毒,收敛止泻,0.1%液体可用于急性胃肠炎、腹泻	外用 内服	0.5~0.8克/次	
碘	粉或片	5%浓度常用于皮肤消毒	外用		

续表

药物名称	剂型	临床应用	用法	用量	备注
5%碘甘油	液体	常用于黏膜的各种炎症	外用		
甲紫(龙胆紫)(紫水)	液体	1%~2%溶液,用于治疗皮肤、黏膜创伤及溃疡	外用		
红汞	液体	2%溶液,用于皮肤、黏膜和创伤消毒	外用		
新洁而灭	液体	0.1%溶液,用于手指、手术器械的消毒	外用		
左旋咪唑	片剂或针剂	广谱驱虫药,用于驱除肠道线虫、肺线虫等	内服	8毫克/(千克·次)	
盐酸左咪唑	注射液	驱肠道线虫、血矛线虫、肾虫等	肌注	7.5毫克/(千克·次)	对山羊副作用强
敌百虫	片剂	驱除血矛线虫、肠道线虫、蛔虫等	内服	80毫克/(千克·次)	
		杀虱、灭癣配成5%液体	外用		
畜卫佳	粉剂	用于体内外驱虫	内服	0.3克/(千克·次)	
吡喹酮	粉剂	为较理想新型广谱灭绦药,抗血吸虫药和吸虫病,但价格较贵	内服	30~50毫克/(千克·次)	
槟榔	中药	驱绦虫	内服	6~12克/次	与南瓜子合用效果好
南瓜子	中药	驱绦虫	内服	200~250克/次	与槟榔合用效果好

续表

药物名称	剂型	临床应用	用法	用量	备注
硝氯酚	粉剂	驱肝片吸虫	内服	3~4 毫克/(千克·次)	
硫双二氯酚(别丁)	片剂	对绦虫、肝片吸虫、前后盘吸虫有效	内服	75~100 毫克/(千克·次) 200 毫克/(千克·次)	吸虫量 绦虫量
新胂凡纳明(九一四)	粉针	胸膜肺炎、大叶性肺炎、脓毒性肺炎,也有驱锥虫的作用	静注	10 毫克/(千克·次)	全量不能超过 0.5 克
敌敌畏	液体	40%杀体外寄生虫、蚊、蝇等	气雾	1 毫升/米^3	杀蚊蝇时喷洒
乐果	液体	杀体外寄生虫,配成 0.5%~1%溶液	外用		治羊鼻蝇蛆
醋酸可的松	片剂或针剂	治疗慢性炎症及眼科炎症	肌注 内服	0.025~0.05 克/(只·次)	每天 3 次
氢化可的松	针剂	治疗关节炎、腱鞘炎、乳腺炎、皮炎等	肌注	20~80 毫克/次	每日 1 次
泼尼松(强的松)	片剂	抗炎及抗过敏。用于严重细菌感染、严重的过敏性疾病、风湿、哮喘	内服	首次 0.02~0.04 克 维持 0.005~0.01 克	每日 1 次
地塞米松	片剂 针剂	抗炎,抗过敏,抗风湿	内服 肌注	5~10 毫克/次	
胃蛋白酶	粉剂	消化不良	内服	1.5~3 克/次	每日 2 次
淀粉酶	粉剂	食欲缺乏,消化不良,胃炎等	内服	3~4 克/次	每日 1 次
纤维素酶	粉剂	前胃迟缓,瘤胃臌胀,便秘等	内服	100~150 克/次	每日 1 次

续表

药物名称	剂型	临床应用	用法	用量	备注
鱼肝油	液体	防治维生素A缺乏症,夜盲、佝偻病、骨软病	内服	10~30毫升/次	每日1次
维生素E	片剂	防治维生素E缺乏症,骨骼肌、心肌萎缩变性	内服	60~300毫克/次	每日1次
维生素 B_1	针剂	防治维生素 B_1 缺乏症,衰弱、心悸亢进、水肿、食欲缺乏	肌注	30~50毫克/次	每日1次
维生素 B_2	针剂	防治维生素 B_2 缺乏症,生长停止、皮炎、眼炎、食欲缺乏等	肌注	30~50毫克/次	每日1次
维生素C	针剂或片剂	解毒,风湿病,各种感染,贫血等	肌注内服	0.2~0.5克/次	每日2次
氯化钙	针剂	主要用于急慢性钙缺乏症,产后瘫痪、佝偻病,也用于毛细血管渗透性增高和各种过敏性疾病	静注	1~5克/次	每日1次,连用2~3次
咖啡因	粉剂	大脑兴奋剂,用于麻醉药中毒的解毒	内服	0.5~2克/次	
尼可刹米	针剂	兴奋呼吸中枢,用于新生仔畜窒息	肌注	0.25~1克/次	
溴化钠	粉剂或片剂	镇静药,可缓解肠痉挛、腹痛等	内服	5~10克/次	
盐酸氯丙嗪	针剂或片剂	破伤风,脑炎,狂躁,肠痉挛等	肌注	1~3毫克/(千克·次)	

续表

药物名称	剂型	临床应用	用法	用量	备注
硫酸镁	针剂	镇静、缓解破伤风、士的宁中毒引起的肌肉强直及治疗膈肌痉挛	静注或肌注	2.5~7.5克/次	
安基比林	针剂	解热镇痛，消炎，抗风湿	肌注	5~10毫升/次	每日1~2次
安乃近	针剂或片剂	解热镇痛等	肌注	5~10毫升/次	每日1~2次
水合氯醛	针剂	麻醉药，也可用作疝痛、破伤风、脑炎、膀胱痉挛、子宫脱垂的治疗	静注 内服	0.15~0.17克/(千克·次) 2~4克/次	
盐酸普鲁卡因	针剂	局部麻醉或点状封闭，也可用于镇静、解痉	皮下注射	适量	
硝酸毛果芸香碱	针剂	肠便秘，前胃迟缓，食道梗塞等	皮下注射	25~50毫克/次	
硫酸阿托品	针剂	支气管痉挛，肠痉挛，有机磷中毒解毒	皮下注射	1~2毫克/(千克·次)	
肾上腺素	针剂	心脏骤停，过敏性休克，局部止血	肌注	0.2~1毫克/次	
松节油	液体	胃肠臌胀，胃肠迟缓或外用	内服	2~6毫升/次	加入植物油内服
薄荷脑	粉剂	喉头炎、气管炎、消化不良等	内服	0.2~1克/次	

续表

药物名称	剂型	临床应用	用法	用量	备注
樟脑	粉剂	挫伤、肌肉风湿、蜂窝织炎时外用涂擦。内服可治消化不良、胃肠积气等	10%液体外用内服	1~4 克/次	
凡士林	膏剂	润滑及保护皮肤，配制药膏的基质	外用		
甘油	液体	外用有润滑和软化皮肤的作用，内服可治疗肠便秘	灌肠	15~30 毫升/次	
维生素 K	针剂	止血药，多用于内出血	肌注	30~50 毫克/次	
葡萄糖	针剂或粉剂	低血糖症，营养不良，妊娠毒血症	静注	10~50 克/次	
氯化铵	片剂	祛痰，气管炎初期，心性水肿	内服	1~5 克/次	
痰易净	粉末	急慢性气管炎，支气管扩张，肺气肿	10%液体喷雾咽喉	2~5 毫升/次	每日 2~3 次
远志酊	液体	祛痰，止咳，治急、慢性气管炎	内服	10~20 毫升/次	
桔梗酊	液体	祛痰，止咳，治急、慢性气管炎	内服	10~20 毫升/次	
咳必清	片剂	止咳，祛痰	内服	0.1~0.5 克/次	
杏仁水	水剂	止咳，平喘	内服	10~20 毫升/次	
复方甘草片	片剂	镇咳，祛痰	内服	1~2 克/次	
氨茶碱	针剂或片剂	痉挛性支气管炎，支气管喘息	肌注	0.25~0.5 克/次	

续表

药物名称	剂型	临床应用	用法	用量	备注
垂体后叶素	针剂	催产,止血,治疗胎衣不下及排出死胎	肌注	10~50 单位/次	
催产素	针剂	催产,止血,加速子宫复原	肌注	10~50 单位/次	
雌二醇	针剂	催情,子宫炎,胎衣不下等	肌注	1~3 毫克/次	
黄体酮	针剂	保胎,习惯性流产等	肌注	15~25 毫克/次	
碘解磷啶	针剂	有机磷农药中毒解毒	静注	15 ~ 30 毫克/(千克·次)	应和阿托品同用
亚硝酸钠	针剂	用于氰化物中毒解毒	静注	0.1~0.2 克/次	
亚甲蓝(美蓝)	针剂	用于亚硝酸盐中毒解毒	静注	1 ~ 2 毫克/(千克·次)	
健胃散	粉剂	消化不良等	内服	100~250 克/次	
清肺散	粉剂	喘气病、气管炎等	内服	100~200 克/次	
比赛可灵	针剂	消化不良,瘤胃臌气,积食	肌注	5~10 毫升/次	
清热解毒注射液	针剂	感冒发热,流涕,咳嗽	肌注	10~20 毫升/次	
柴胡注射液	针剂	抗菌消炎,感冒等	肌注	10~20 毫升/次	
鱼腥草注射液	针剂	乳房炎,肺炎等	肌注	10~20 毫升/次	
黄连素注射液	针剂	腹泻,消炎	肌注	5~10 毫升/次	

第十章
羊场兽医卫生管理

一、种羊场兽医卫生管理办法

（一）总则

第一条　为预防和消灭种羊场传染病、寄生虫病，提供健康优良种羊，根据《传染病防治法》《家畜家禽防疫条例》和《家畜家禽防疫条例实施细则》的规定精神，特制定种羊场兽医卫生管理办法（以下简称办法）。

第二条　种羊场兽医卫生要贯彻“预防为主”的方针，实行“兽医卫生合格证”的管理制度。

第三条　本办法所指羊传染病、寄生虫病为：口蹄疫、小反刍兽疫、布氏杆菌病、羊痘、棘球蚴、炭疽、蓝舌病、羊出血性败血症、羊猝疽、快疫、肠毒血症、羊进行性肺炎、山羊关节炎、脑炎、山羊传染性胸膜肺炎、山羊衣原体病、羊疥癣、绵羊癣病、边虫病、锥虫病、钩端螺旋体病。

第四条　国家、集体、个体种羊场，均应遵守本办法规定。

（二）种羊场兽医卫生组织、领导

第五条　种羊场兽医卫生防疫实行主管场长负责制，坚持生产、防疫并重的原则，建立健全兽医室、防疫设施和防疫管理制度。兽医工作受上级农牧主管部门的业务指导与监督、检查。主管场长的职责为：

1. 拟订本场兽医卫生防疫制度、计划、规划。

2. 对不适宜作种羊的病羊或可疑病羊按规定进行淘汰处理。

3. 组织、安排与实施场内发生家畜传染病时的紧急防治工作。

4. 组织对场内职工及其家属进行家畜卫生防疫宣传教育工作。

5. 监督与指导场内各队（组），认真执行兽医卫生管理办法。

第六条　种羊场的兽医室，应建在下风方向和水源下游处，内设治疗室、化验室和药房，要具有与开展兽医工作相适应的技术装备和防疫、检疫条件。

第七条　种羊场的兽医室应有家畜免疫档案、处方签、尸体剖检诊断书、病历、种羊淘汰请求书、种畜个体卫生卡片、检疫记录簿、检疫证明书等表册，并须认真详细填写，妥为保存。

第八条　种羊场应根据本场的种羊数量，聘任总兽医师、兽医师、助理兽医师或兽医技术员。具体分工负责场内各项兽医卫生业务，其职责为：

1. 拟定本场全年兽医卫生防疫、检疫工作计划和预防家畜传染病的措施，定期总结工作并向场长报告，同时抄报上级农牧主管部门。

2. 随时观察种羊健康状况，定期进行种羊健康检查、怀孕母羊的妊娠检查、种公羊的精液检查。

3. 与畜牧技术人员共同负责，做好饲养管理、配种、接羔育幼及病羊护理工作。

4. 负责执行种羊卫生防疫、检疫、病羊治疗、死羊剖检和病羊淘汰处理等工作（生前已确诊为炭疽可不做剖检）。

5. 定期检查饮水、放牧地、羊群、羊舍、病羊隔离舍、用

具、尸坑和堆粪场的卫生防疫情况。

6. 检查饲料的加工是否符合兽医卫生要求。

7. 推广兽医科学新技术、新经验，结合生产进行一些必要的科研工作。

（三）饲养卫生和防疫措施

第九条　种羊场应建在上风向处，距村庄、道路、其他畜禽场 1000 米以外，有良好的供水、供料、供暖和户外活动条件。

第十条　种羊场畜舍内应通风良好，光线充足，干燥，饮水充足，水质优良，畜舍内外、运动场、用具以及种羊个体经常保持清洁。每群种羊应有固定使用的饲槽、饮水桶和用具，有固定的饲养员。饲养人员应定期做健康检查。

第十一条　种羊场要设置病羊隔离舍。隔离舍要处于下风方向距离健康畜舍和生活区 100 米以外。对病羊必须严格隔离。

第十二条　畜舍、用具等每月必须消毒两次，消毒时间和方法由主管兽医规定，如种羊发生传染病时，要进行紧急必要的消毒。在畜舍入口处，必须有消毒设施。

第十三条　家畜粪便、污物应运到距离畜舍 200 米以外，下风向的指定地点，堆积发酵处理。

第十四条　兽医人员和饲养管理人员在工作时，应穿工作服和胶鞋，进出畜舍必须消毒。工作完毕，将工作服、胶鞋放在原工作室内，禁止穿到其他地方。工作服、胶鞋应经常消毒，保持清洁。

第十五条　禁止饲喂一切不清洁、发霉变质或有染毒的饲料。

第十六条　种羊场的打草地、放牧地和水源应防止场外牲畜进入；每年春季应清除污物，对病羊要划定单独放牧场和饮水池。

第十七条　场外人员参观种羊场时，应遵守场内防疫制度，

征得兽医同意并经场长许可，严格消毒后方可入场参观。

第十八条　种羊场进口处必须设置消毒设施，供场外人、畜、车辆进入本场消毒使用。

第十九条　种羊场应根据传染病流行情况，每年定期进行预防注射。但禁止注射布氏杆菌苗，应采取每年定期检疫、淘汰病羊的办法进行防制。同时，要与当地兽医防疫机构共同做好场内外私养家畜的传染病预防工作，种羊场职工家庭不得养羊。

第二十条　对种羊的内外寄生虫病，应根据季节，做好定期检查、驱虫和药浴工作。

第二十一条　种羊场用作配种和试情的种公羊，必须无传染病。病羊严禁配种。所采用的种羊精液及制作的冻精，须经兽医检验合格后，方可使用。

第二十二条　新补充的种羊，必须从非疫区购进，并有当地县级以上兽医检疫机构签发的检疫证明书。进场后仍须隔离、检疫、观察 1 个月以上，确无传染病时，方可与本场种羊混群。

第二十三条　种羊发生烈性传染病或新侵入传染病时，应采取以下措施：

1. 种羊发生传染病或疑似传染病时，要采取紧急防治措施，隔离病畜并在 48 小时内向当地县级以上兽医主管部门报告疫情。场内兽医应深入疫区查清疫源，进行确诊，并做好隔离、治疗、消毒、处理等工作。

发生人畜共患传染病时，要同时通知卫生部门，共同采取防疫措施。

2. 当地县级以上人民政府应根据场内传染病流行情况，划定疫区、疫点、发布封锁令。疫点应封死，严禁人、畜、车辆进入，或运出一切可能传播疫病的物品；疫区要封严，在疫区内停止畜禽及其产品的收购和运输。

3. 疫区的最后一头病畜处理或痊愈后，经该传染病一个潜伏期的观察，不再出现病畜时，应彻底清扫消毒，报请上级农牧主管部门验收合格后，由发布封锁令的人民政府发布解除封锁令，同时，通知邻近地区，并报上一级农牧主管部门备案。

第二十四条　每年必须对种羊进行临床检查和必要的实验室检验。发现《家畜家禽防疫条例实施细则》规定的第一类传染病应采取紧急扑灭措施，第二类传染病应采取淘汰处理措施，第三类传染病应采取隔离治疗措施。

第二十五条　参观展览或出场配种的公羊，在归场前应进行隔离检查1个月以上，并经严格消毒后，方可回场。

第二十六条　种羊场从国外引进种羊，须经口岸动植物检疫所进行口岸检疫，隔离观察，证明确无传染病时，方可接入本场，并在场内隔离观察6个月以上，确认无传染病时方可使用。

第二十七条　出场种羊及畜产品要经县级兽医机构检疫消毒，并出具检疫和消毒证明，场方要出具非疫区证明和免疫证明书，凭以上证明出场。

第二十八条　严禁倒买各类未检疫的牲畜进场，凡必须购进的牲畜，应事先写报告，经场内主管兽医批准，方可从非疫区购买，并有当地兽医签发的检疫证明书。购进后，隔离检疫1个月，无传染病时，方可混群。

（四）附则

第二十九条　种羊场对兽医卫生工作做出成绩的单位和个人应给予表彰和奖励。

第三十条　种羊场职工和场外群众违反本办法造成严重后果的，应区别情况给予行政处分或罚款。触犯刑律的，应依法追究刑事责任。具体奖惩办法，由各种羊场自定。

第三十一条　本办法实施后，各地、县农牧部门要组织种羊场的验收工作，验收合格后，在省畜牧局备案。种羊场未经验收或验收不合格者，种羊及其产品不得出场。

第三十二条　各场可根据本办法，结合当地实际情况，拟定详细实施办法。

第三十三条　本办法从1990年8月1日起开始施行。

二、羊场传染病及寄生虫病防治规范

（一）场地的选择及设施

从建场开始，就应考虑到场地的卫生、防疫设施。场址应选择在地势较高、交通比较方便、饲草资源比较丰富、饮水条件较好的地方，严禁在潮湿低洼处建场。同时，要考虑环保、水质等方面的条件。在条件允许的情况下，应配备兽医室、配种室、药浴池、青贮池、干草棚、饲料粉碎机械等，以便正常工作的开展。

（二）卫生防疫措施

1. 建立引羊检疫制度。

引进种羊时，必须进行全面的肉眼检查：首先观察羊的整体状况，健康的羊应是精神良好、机灵敏捷、被毛光亮、站立姿势端正、走路稳健、呼吸正常。对新引进的羊只，应单独饲养管理15~25天，确认健康无病后，再放入大群中饲养。

2. 羊舍和周围环境的消毒。

羊舍及运动场地的消毒，一般应每半个月进行1次，必要时可每周进行1次。如遇传染病的发生，整个羊舍应用3%氢氧化钠液进行彻底消毒。在羊转群前后，羊舍也应消毒。

3. 保持良好的羊舍卫生。

羊舍应经常保持卫生、干燥，每天应打扫1次。饲槽应在饲喂结束后清理干净。圈内冬天应铺少量的褥草，且每两天清理

1次，夏天可不要褥草，但应空气对流，通风良好。

4. 发现病羊及时隔离、治疗。

如发现羊群中有患病羊只时，应及时隔离治疗。如是普通病，待健康后可马上转入大群饲养。如为传染病，除立即隔离外，还应及时对羊舍及运动场地进行彻底消毒，必要时可对整个羊群进行预防注射或服用预防药物，以彻底杜绝传染。病羊康复后，应在潜伏期过后再观察5~15天，确认不带毒时再转入大群饲养。如为炭疽病，不允许治疗和宰杀，病羊或尸体应深埋或焚烧。

（三）羊免疫程序

表7　羊免疫程序（通用版）

类别	免疫项目	免疫时间	用法用量	免疫期限
大群羊	梭菌病：羔羊痢疾、羊快疫、猝疽、肠毒血症（疫苗名称：羊梭菌病多联干粉疫苗）	3月和9月各一次或产前15~20天注射一次	颈部肌内或皮下注射一头份（1毫升）	6个月
	羊痘病（疫苗名称：山羊痘灭活疫苗）	5月下旬一次	尾根内侧皮内注射一头份（0.2毫升）	12个月
	传染性胸膜肺炎（疫苗名称：传染性胸膜肺炎灭活疫苗）	7月中旬一次	肌内注射：成年羊5毫升，6月龄以下3毫升	12个月
	布氏杆菌（疫苗名称：布氏杆菌病活疫苗S2株）	产后1.5个月（但必须先检后免）	按标签说明使用	36个月
	口蹄疫病	9月或10月	以当地畜牧部门发放的疫苗说明为准	12个月

续表

类别	免疫项目	免疫时间	用法用量	免疫期限
羔羊	破伤风病	出生6小时内注射破伤风抗毒素	按标签说明使用	36个月
	梭菌病：羔羊痢疾、羊快疫、猝疽、肠毒血症（疫苗名称：羊梭菌病多联干粉疫苗	15日龄	颈部肌内或皮下注射一头份（1毫升）	6个月
	传染性胸膜肺炎（疫苗名称：传染性胸膜肺炎灭活疫苗）	45日龄或断奶前	肌内注射：3毫升	12个月
	羊痘病（疫苗名称：山羊痘灭活疫苗）	3月龄或断奶前	尾根内侧皮内注射一头份（0.2毫升）	12个月
	口蹄疫病	5月龄以后或随大群羊	以当地畜牧部门发放的疫苗说明为准	12个月
新引羊	特别提醒：不到小反刍兽疫疫区种羊场引种对所选购的种羊必须进行布氏杆菌病检测，若有布氏杆菌病疑似感染个体应放弃购买			
	羊痘病（疫苗名称：山羊痘灭活疫苗）	到场一周或稳定后	尾根内侧皮内注射一头份（0.2毫升）	12个月
	传染性胸膜肺炎（疫苗名称：传染性胸膜肺炎灭活疫苗）	到场3周后或与上次疫苗间隔15天以上	肌内注射：成年羊5毫升，6月龄以下3毫升	12个月
	梭菌病：羔羊痢疾、羊快疫、猝疽、肠毒血症（疫苗名称：羊梭菌病多联干粉疫苗）	到场45天后	颈部肌内或皮下注射一头份（1毫升）	6个月
	口蹄疫病	到场3个月后或随大群羊	以当地畜牧部门发放的疫苗说明为准	12个月

特别提醒：以上程序涉及的疫苗、用法、用量均是以哈药集团生物疫苗有限公司生产的为准；否则，要严格按照产品标签说明使用，出现问题后果自负！

（四）寄生虫预防规范

表 8　羊的驱虫程序

<table>
<tr><th>羊群类别</th><th>驱虫项目</th><th>药品名称</th><th>时间与用量</th></tr>
<tr><td rowspan="4">大群羊</td><td>体外寄生虫：螨虫、虱子</td><td>牛羊百虫克星或伊维菌素或敌百虫药浴</td><td>3 月和 11 月
伊维菌素和牛羊百虫克星必须间隔一周再重复一次。气温条件合适的情况下还是建议用 0.5%的敌百虫溶液药浴，效果更佳</td></tr>
<tr><td>吸虫类寄生虫</td><td>克洛杀（氯氰碘柳胺纳）</td><td>5 月和 9 月（放牧开始时和收牧前）
用量：每千克 0.1~0.2 毫升</td></tr>
<tr><td>肺丝虫、绦虫、血矛线虫、肠道线虫</td><td>丙硫咪唑、芬苯达唑</td><td>用量：按说明
放牧羊每季度驱虫一次，舍饲羊春、秋各一次</td></tr>
<tr><td>脑包虫</td><td>吡喹酮或百虫杀（片剂）</td><td>百虫杀：1 片/25 千克</td></tr>
<tr><td rowspan="3">新引羊</td><td>体外寄生虫：螨虫、虱子</td><td>牛羊百虫克星或伊维菌素或敌百虫药浴</td><td>进场一周后，伊维菌素和牛羊百虫克星必须间隔一周再重复一次。气温条件合适的情况下还是建议用 0.5%的敌百虫溶液药浴，效果更佳</td></tr>
<tr><td>肺丝虫、绦虫、血矛线虫、肠道线虫</td><td>丙硫咪唑、芬苯达唑</td><td>到场 30 天后
用量：按说明</td></tr>
<tr><td colspan="3">到场 2 个月后可根据季节情况或羊的健康状况进行驱虫，也可以按大群羊驱虫程序执行</td></tr>
</table>

三、兽医岗位职责

第一条　兽医应遵守公司各项制度，遵守公司劳动纪律，具有良好的职业道德和敬业精神，做到有爱心，有耐心，有责任心，踏踏实实做好每天的工作。

第二条　日常的治疗及相关工作。

1. 兽医上班后按各自所负责的治疗区结合饲养员汇报对各栋羊舍进行巡查。

（1）喂料前：①巡视羊舍时观察前一天治疗过的病羊预后情况。②观察是否有突发猝死羊只，根据死亡情况做相关处理。③观察是否有严重的突发病羊，需要治疗的立即采取治疗措施。

（2）喂料时：①观察羊只的采食情况，是否有不食、假食、食欲不佳等异常情况。发现后立即做好标记，并记录棚圈号、羊只耳号，并做出基本诊断，情况紧急的应立即进行治疗。②若因情况特殊错过观察羊只采食，应向饲养员了解羊只采食情况并在下次喂料时详细观察。

2. 巡查羊舍后根据观察羊只的疾病情况，对羊只进行配药治疗。

（1）对于不能判断和病因不明或治疗后无明显效果的羊只，应和其他兽医共同会诊，确诊后再用药，用药后0.5~2小时观察一次，无治疗价值的报技术主管，酌情予以淘汰。

（2）对慢性病羊确诊后坚持每天用药，直到痊愈为止。个别需要护理的羊只，要督促饲养员进行护理，直到痊愈或淘汰。

（3）发现可疑传染病例需立即隔离并上报部门主管，及时处理。

（4）对于饲养管理上造成的病例要及时上报主管，及时调整，解决问题。

（5）治疗结束后，对当天死亡的羊只进行剖检，做出结论，剖检结束后，对病羊治疗情况进行总结，并填写死亡报告、剖检报告。死亡报告于羊只死亡 24 小时内填写完毕，并上报主管领导签字，递交统计部门。

工作结束后，清扫、整理好兽医室，做到干净、整洁，不留死角，药品分类准确，器具存放得当，垃圾桶每日清理一次，即使在冬季无剖检病例的情况下，也要做到至少每周清理一次，并对当天所用治疗器具进行消毒。

第三条　兽医应制订并实施不同季节羊只的驱虫、免疫、消毒计划，做好每周疾病的分析、归纳、总结工作，并做好羊只的生理健康及性能的检查工作。

1. 在不同季节根据本场羊群健康状况，拟定好免疫驱虫计划，经领导审查批准后组织实施，并做好免疫保健记录。

2. 认真执行本场的卫生防疫制度，做好消毒工作，包括消毒池及消毒室内消毒药品的及时添加，并做好消毒记录。

3. 认真做好药房的药品领入领出登记，做好每周的疾病总结表、月末的药品使用盘点统计表。需领用或购买的药品和器械应提前一周申报主管。

4. 配合技术主管加强对羊群健康状况及生产性能的监测工作。

5. 及时了解发病动态，果断采取必要措施，将疫病控制在萌芽状态，保证不发生重大疫情。

6. 及时总结羊场常发病的数量和种类及应对措施，并对无种用价值和治疗价值的羊只做好淘汰申请工作，填写申请淘汰记录。

第四条　完成技术主管交办的其他工作。

四、消毒制度

第一条　消毒是贯彻“预防为主”方针的一项主要措施。

其目的是消灭病原，切断传播，阻止蔓延。本制度必须人人自觉遵守，严格执行。

第二条　场区大门及场内相关通道设立消毒池，各消毒池保持足量的有效浓度的消毒液，定期清洗消毒池和更换消毒液。

第三条　严格执行日常消毒操作规程，保持棚舍内和场内道路清洁。定期做好棚舍和场内地面、粪便、污水的消毒工作。

第四条　消毒剂做到交替使用，防止病原微生物产生抗药性。

第五条　严禁场外非生产人员、无关人员进入生产区。

第六条　如确需进入场区者，经过主管领导同意，在相关负责人陪同下，更换工作服、帽子及鞋套等，经消毒后方可进入。

第七条　严禁场外车辆进入生产区。如确需进场，经主管领导同意，经过消毒后方可进入。

第八条　严禁场外畜禽进入生产区，场内自养的要定期免疫和对圈舍、饲喂工具及周围环境消毒。

第九条　场内职工、车辆等外出回场后，须进行消毒，方可进入生产区。

第十条　坚持门卫登记制度，确保羊场卫生安全。

第十一条　严格按照要求做好各类消毒措施的记录工作，设立电子档案，随时备查。

五、卫生防疫制度

第一条　严格遵守入场须知，禁止外来人员擅自进入。

第二条　搞好羊舍内外环境卫生，灭除杂草，填平水坑，防止蚊蝇滋生；及时清粪，随时检查集尿管道，保持畅通。

第三条　羊场工作人员在工作期间必须穿工作服，工作服要及时清洗、消毒。

第四条　每月全场进行一次全面消毒，包括道路、羊舍等；每周进行一次生产区域内消毒；疫情发生流行特殊时期应按需增加消毒次数。

第五条　严格执行免疫接种计划，及时进行预防注射，并对免疫和预防注射的时间、药品、剂型、剂量等做好详细规范记录。

第六条　操作人员必须按照技术操作规范要求执行，做成电子档案，随时备查。

第七条　做好羊只注射部位消毒，注射用针筒、针头、医疗器皿等严格进行消毒，防止交叉感染。

第八条　传染病发生时，做到早报告，早隔离，早封锁消毒，经当地畜牧兽医主管部门同意，对本地区健康羊群进行预防接种，建立保护区，杜绝向外传播。

第九条　对患传染病的羊群要设专人管理，固定使用饲喂工具，加强对病羊的治疗，并特别注意病羊舍的卫生消毒。

第十条　被传染病污染的羊舍、运动场、饲槽、用具，以及工作人员的工作服必须进行彻底消毒。

第十一条　对病羊排出的粪便需经单独发酵处理后，方可使用。

第十二条　因传染病死亡或急宰的病羊，必须经兽医人员检查，并在兽医人员指导下，按照相关规定要求处理。

六、羊场无害化处理制度

第一条　按照“零污染、零排放”原则，根据相关规定和标准，建造无害化尸体处理池。

第二条　羊场对病死的羊只，必须坚持“五不一处理”原则：不宰杀、不贩运、不买卖、不丢弃、不食用，进行彻底的无害化处理。

第三条　病死羊只经兽医室剖检后，将尸体投入尸体处理池内，并在尸体处理池内添加氢氧化钠进行消毒。

第四条　羊场在发生重大疫情时，除将病死羊进行无害化处理外，应对同群或染疫的羊只进行扑杀和无害化处理，并呈报上级兽医防疫主管部门做出决定、决策，本场坚决执行。

第五条　当羊场的羊只发生传染病时，一律不进行交易、贩运，就地进行隔离观察和治疗。

第六条　无害化处理必须在场兽医师的监督下进行，并认真对无害化处理的羊只数量、死因、处理方法、时间等进行详细的记录、记载。

第七条　无害化处理完毕，必须彻底对圈舍、用具、道路等进行消毒，防止病原传播。

第八条　在无害化处理过程及疫病流行期间，要注意工作人员的防护安全，防止将疫病传染给人。

七、羊场用药管理制度

第一条　根据我国《兽药管理条例》的精神和《农产品质量安全法》的要求，建立羊场兽药使用管理的安全追溯机制，有效地保障畜群的健康和畜产品质量安全，结合羊场实际，特制定本制度。

第二条　建立采购记录。记录要载明兽药的名称、规格、生产批号、有效期、生产厂家、采购数量及日期等各项内容，保证兽药的质量。每次采购要索取进货单和收款发票，并与采购记录同时保存3年以上。

第三条　采购兽药必须从合法兽药店（具有工商营业执照和经营许可证）进货，确保所购入的兽药产品合格，并与经销

商签订产品质量安全合同。

第四条　严禁采购和使用国家农业部和相关主管部门所废止、禁用的兽药。

第五条　药物领用保存：

1. 保管员在新购药品、器械时，依据发票查清件数，根据产品保管要求分类存放保管，并做到每周盘点。发现有过期药品及时通知技术部，报财务部注销后做销毁处理。

2. 药品及器械由兽医主管做采购计划，由采购部采购。如不能采购，必须在 3 天内反馈给技术部说明情况。药品的领用由兽医主管到库房取药，并做好领用登记。

3. 领取生物药品，如疫苗、血清、类毒素等需要低温保存的药品必须用保温箱装取，否则药库保管员不予发放。

4. 所有器械根据实际情况造册，落实到人，库房对部门，必须以旧换新。兽医室必须设有用药登记本，由使用兽医、防疫员填写，兽医主管及时核对药品领取和使用数量，发现问题及时处理。

5. 对一些特殊药品、疫苗空瓶或受污染物品当场查清数量，依据要求，派专人销毁和无害化处理。

6. 由专人每日清理医用垃圾，并将医用垃圾倒入指定地点，进行销毁和无害化处理。

7. 兽医、防疫员对每一批新药、新疫苗，用前要做小范围试验，并出具书面报告，上报试验结果，无异常方可大范围使用。对每次防疫一定做好以下记录：疫苗名称、生产厂家、批准文号，使用羊只的阶段、头数、反应情况等，出现异常及时停止使用，并在 2 小时内报技术部。如玩忽职守，造成损失由使用者负责。

第六条　兽药的使用规定：

1. 场内预防性或治疗性用药，必须由兽医决定，其他人员不得擅自使用。

2. 兽医使用兽药必须遵守国家相关法律法规规定，不得非法用药。

3. 必须遵守国家关于休药期的规定，未满休药期的羊只不得出售、屠宰，不得用于食品消费。

4. 树立合理科学用药观念，不乱用药。

5. 不擅自改变给药途径、投药方法及使用时间等。

6. 做好用药记录，包括：品种、年龄、性别、用药时间、药品名称、生产厂家、批号、剂量、用药原因、疗程、反应及休药期。必要时应附医嘱：用药动物种类、休药期及医嘱等。

第七条　使用兽药的注意事项：

1. 注意使用合理剂量。剂量并不是越大效果越好，很多药物大剂量使用，不仅造成药物残留，而且会发生羊只中毒。

2. 注意药物的溶解度和饮水量。饮水给药要考虑药物的溶解度和羊只的饮水量，确保羊只吃到足够剂量的药物。

3. 注意搅拌均匀。拌入饲料服用的药物，必须搅拌均匀，防止羊只采食药物的剂量不一致。

4. 注意药液黏稠度和注射速度。肌内注射的药物，要注意药物的黏稠度，黏度大的药物，抽取时应适当超过规定的剂量，而且注射的速度要缓慢一些。

5. 保证疗程用药时间。药物连续使用时间，必须达到一个疗程以上。不可使用1~2次就停药，或急于调换药物品种。

6. 注意安全停药期。停药期长的药物、毒副作用大的药物（如磺胺类）等要严格控制剂量，并严格执行安全停药期。

附　录

附录 1　中华人民共和国动物防疫法

（1997 年 7 月 3 日第八届全国人民代表大会常务委员会第二十六次会议通过　2007 年 8 月 30 日第十届全国人民代表大会常务委员会第二十九次会议修订　根据 2013 年 6 月 29 日第十二届全国人民代表大会常务委员会第三次会议《关于修改〈中华人民共和国文物保护法〉等十二部法律的决定》修正）

第一章　总则

第二章　动物疫病的预防

第三章　动物疫情的报告、通报和公布

第四章　动物疫病的控制和扑灭

第五章　动物和动物产品的检疫

第六章　动物诊疗

第七章　监督管理

第八章　保障措施

第九章　法律责任

第十章　附则

第一章　总　则

第一条　为了加强对动物防疫活动的管理，预防、控制和扑灭动物疫病，促进养殖业发展，保护人体健康，维护公共卫生安全，制定本法。

第二条　本法适用于在中华人民共和国领域内的动物防疫及其监督管理活动。

进出境动物、动物产品的检疫，适用《中华人民共和国进出境动植物检疫法》。

第三条　本法所称动物，是指家畜家禽和人工饲养、合法捕获的其他动物。

本法所称动物产品，是指动物的肉、生皮、原毛、绒、脏器、脂、血液、精液、卵、胚胎、骨、蹄、头、角、筋以及可能传播动物疫病的奶、蛋等。

本法所称动物疫病，是指动物传染病、寄生虫病。

本法所称动物防疫，是指动物疫病的预防、控制、扑灭和动物、动物产品的检疫。

第四条　根据动物疫病对养殖业生产和人体健康的危害程度，本法规定管理的动物疫病分为下列三类：

（一）一类疫病，是指对人与动物危害严重，需要采取紧急、严厉的强制预防、控制、扑灭等措施的；

（二）二类疫病，是指可能造成重大经济损失，需要采取严格控制、扑灭等措施，防止扩散的；

（三）三类疫病，是指常见多发、可能造成重大经济损失，需要控制和净化的。

前款一、二、三类动物疫病具体病种名录由国务院兽医主管部门制定并公布。

第五条　国家对动物疫病实行预防为主的方针。

第六条　县级以上人民政府应当加强对动物防疫工作的统一领导，加强基层动物防疫队伍建设，建立健全动物防疫体系，制定并组织实施动物疫病防治规划。

乡级人民政府、城市街道办事处应当组织群众协助做好本管

辖区域内的动物疫病预防与控制工作。

第七条 国务院兽医主管部门主管全国的动物防疫工作。

县级以上地方人民政府兽医主管部门主管本行政区域内的动物防疫工作。

县级以上人民政府其他部门在各自的职责范围内做好动物防疫工作。

军队和武装警察部队动物卫生监督职能部门分别负责军队和武装警察部队现役动物及饲养自用动物的防疫工作。

第八条 县级以上地方人民政府设立的动物卫生监督机构依照本法规定，负责动物、动物产品的检疫工作和其他有关动物防疫的监督管理执法工作。

第九条 县级以上人民政府按照国务院的规定，根据统筹规划、合理布局、综合设置的原则建立动物疫病预防控制机构，承担动物疫病的监测、检测、诊断、流行病学调查、疫情报告以及其他预防、控制等技术工作。

第十条 国家支持和鼓励开展动物疫病的科学研究以及国际合作与交流，推广先进适用的科学研究成果，普及动物防疫科学知识，提高动物疫病防治的科学技术水平。

第十一条 对在动物防疫工作、动物防疫科学研究中做出成绩和贡献的单位和个人，各级人民政府及有关部门给予奖励。

第二章 动物疫病的预防

第十二条 国务院兽医主管部门对动物疫病状况进行风险评估，根据评估结果制定相应的动物疫病预防、控制措施。

国务院兽医主管部门根据国内外动物疫情和保护养殖业生产及人体健康的需要，及时制定并公布动物疫病预防、控制技术规范。

第十三条 国家对严重危害养殖业生产和人体健康的动物疫

病实施强制免疫。国务院兽医主管部门确定强制免疫的动物疫病病种和区域，并会同国务院有关部门制定国家动物疫病强制免疫计划。

省、自治区、直辖市人民政府兽医主管部门根据国家动物疫病强制免疫计划，制订本行政区域的强制免疫计划；并可以根据本行政区域内动物疫病流行情况增加实施强制免疫的动物疫病病种和区域，报本级人民政府批准后执行，并报国务院兽医主管部门备案。

第十四条　县级以上地方人民政府兽医主管部门组织实施动物疫病强制免疫计划。乡级人民政府、城市街道办事处应当组织本管辖区域内饲养动物的单位和个人做好强制免疫工作。

饲养动物的单位和个人应当依法履行动物疫病强制免疫义务，按照兽医主管部门的要求做好强制免疫工作。

经强制免疫的动物，应当按照国务院兽医主管部门的规定建立免疫档案，加施畜禽标识，实施可追溯管理。

第十五条　县级以上人民政府应当建立健全动物疫情监测网络，加强动物疫情监测。

国务院兽医主管部门应当制定国家动物疫病监测计划。省、自治区、直辖市人民政府兽医主管部门应当根据国家动物疫病监测计划，制定本行政区域的动物疫病监测计划。

动物疫病预防控制机构应当按照国务院兽医主管部门的规定，对动物疫病的发生、流行等情况进行监测；从事动物饲养、屠宰、经营、隔离、运输以及动物产品生产、经营、加工、贮藏等活动的单位和个人不得拒绝或者阻碍。

第十六条　国务院兽医主管部门和省、自治区、直辖市人民政府兽医主管部门应当根据对动物疫病发生、流行趋势的预测，及时发出动物疫情预警。地方各级人民政府接到动物疫情预警后，应当采取相应的预防、控制措施。

第十七条　从事动物饲养、屠宰、经营、隔离、运输以及动物产品生产、经营、加工、贮藏等活动的单位和个人，应当依照本法和国务院兽医主管部门的规定，做好免疫、消毒等动物疫病预防工作。

第十八条　种用、乳用动物和宠物应当符合国务院兽医主管部门规定的健康标准。

种用、乳用动物应当接受动物疫病预防控制机构的定期检测；检测不合格的，应当按照国务院兽医主管部门的规定予以处理。

第十九条　动物饲养场（养殖小区）和隔离场所，动物屠宰加工场所，以及动物和动物产品无害化处理场所，应当符合下列动物防疫条件：

（一）场所的位置与居民生活区、生活饮用水源地、学校、医院等公共场所的距离符合国务院兽医主管部门规定的标准；

（二）生产区封闭隔离，工程设计和工艺流程符合动物防疫要求；

（三）有相应的污水、污物、病死动物、染疫动物产品的无害化处理设施设备和清洗消毒设施设备；

（四）有为其服务的动物防疫技术人员；

（五）有完善的动物防疫制度；

（六）具备国务院兽医主管部门规定的其他动物防疫条件。

第二十条　兴办动物饲养场（养殖小区）和隔离场所，动物屠宰加工场所，以及动物和动物产品无害化处理场所，应当向县级以上地方人民政府兽医主管部门提出申请，并附具相关材料。受理申请的兽医主管部门应当依照本法和《中华人民共和国行政许可法》的规定进行审查。经审查合格的，发给动物防疫条件合格证；不合格的，应当通知申请人并说明理由。需要办理工商登记的，申请人凭动物防疫条件合格证向工商行政管理部门申请办理登记注册手续。

动物防疫条件合格证应当载明申请人的名称、场（厂）址等事项。

经营动物、动物产品的集贸市场应当具备国务院兽医主管部门规定的动物防疫条件，并接受动物卫生监督机构的监督检查。

第二十一条　动物、动物产品的运载工具、垫料、包装物、容器等应当符合国务院兽医主管部门规定的动物防疫要求。

染疫动物及其排泄物、染疫动物产品，病死或者死因不明的动物尸体，运载工具中的动物排泄物以及垫料、包装物、容器等污染物，应当按照国务院兽医主管部门的规定处理，不得随意处置。

第二十二条　采集、保存、运输动物病料或者病原微生物以及从事病原微生物研究、教学、检测、诊断等活动，应当遵守国家有关病原微生物实验室管理的规定。

第二十三条　患有人畜共患传染病的人员不得直接从事动物诊疗以及易感染动物的饲养、屠宰、经营、隔离、运输等活动。

人畜共患传染病名录由国务院兽医主管部门会同国务院卫生主管部门制定并公布。

第二十四条　国家对动物疫病实行区域化管理，逐步建立无规定动物疫病区。无规定动物疫病区应当符合国务院兽医主管部门规定的标准，经国务院兽医主管部门验收合格予以公布。

本法所称无规定动物疫病区，是指具有天然屏障或者采取人工措施，在一定期限内没有发生规定的一种或者几种动物疫病，并经验收合格的区域。

第二十五条　禁止屠宰、经营、运输下列动物和生产、经营、加工、贮藏、运输下列动物产品：

（一）封锁疫区内与所发生动物疫病有关的；

（二）疫区内易感染的；

（三）依法应当检疫而未经检疫或者检疫不合格的；

（四）染疫或者疑似染疫的；

（五）病死或者死因不明的；

（六）其他不符合国务院兽医主管部门有关动物防疫规定的。

第三章　动物疫情的报告、通报和公布

第二十六条　从事动物疫情监测、检验检疫、疫病研究与诊疗以及动物饲养、屠宰、经营、隔离、运输等活动的单位和个人，发现动物染疫或者疑似染疫的，应当立即向当地兽医主管部门、动物卫生监督机构或者动物疫病预防控制机构报告，并采取隔离等控制措施，防止动物疫情扩散。其他单位和个人发现动物染疫或者疑似染疫的，应当及时报告。

接到动物疫情报告的单位，应当及时采取必要的控制处理措施，并按照国家规定的程序上报。

第二十七条　动物疫情由县级以上人民政府兽医主管部门认定；其中重大动物疫情由省、自治区、直辖市人民政府兽医主管部门认定，必要时报国务院兽医主管部门认定。

第二十八条　国务院兽医主管部门应当及时向国务院有关部门和军队有关部门以及省、自治区、直辖市人民政府兽医主管部门通报重大动物疫情的发生和处理情况；发生人畜共患传染病的，县级以上人民政府兽医主管部门与同级卫生主管部门应当及时相互通报。

国务院兽医主管部门应当依照我国缔结或者参加的条约、协定，及时向有关国际组织或者贸易方通报重大动物疫情的发生和处理情况。

第二十九条　国务院兽医主管部门负责向社会及时公布全国动物疫情，也可以根据需要授权省、自治区、直辖市人民政府兽

医主管部门公布本行政区域内的动物疫情。其他单位和个人不得发布动物疫情。

第三十条　任何单位和个人不得瞒报、谎报、迟报、漏报动物疫情，不得授意他人瞒报、谎报、迟报动物疫情，不得阻碍他人报告动物疫情。

第四章　动物疫病的控制和扑灭

第三十一条　发生一类动物疫病时，应当采取下列控制和扑灭措施：

（一）当地县级以上地方人民政府兽医主管部门应当立即派人到现场，划定疫点、疫区、受威胁区，调查疫源，及时报请本级人民政府对疫区实行封锁。疫区范围涉及两个以上行政区域的，由有关行政区域共同的上一级人民政府对疫区实行封锁，或者由各有关行政区域的上一级人民政府共同对疫区实行封锁。必要时，上级人民政府可以责成下级人民政府对疫区实行封锁。

（二）县级以上地方人民政府应当立即组织有关部门和单位采取封锁、隔离、扑杀、销毁、消毒、无害化处理、紧急免疫接种等强制性措施，迅速扑灭疫病。

（三）在封锁期间，禁止染疫、疑似染疫和易感染的动物、动物产品流出疫区，禁止非疫区的易感染动物进入疫区，并根据扑灭动物疫病的需要对出入疫区的人员、运输工具及有关物品采取消毒和其他限制性措施。

第三十二条　发生二类动物疫病时，应当采取下列控制和扑灭措施：

（一）当地县级以上地方人民政府兽医主管部门应当划定疫点、疫区、受威胁区。

（二）县级以上地方人民政府根据需要组织有关部门和单位采取隔离、扑杀、销毁、消毒、无害化处理、紧急免疫接种、限

制易感染的动物和动物产品及有关物品出入等控制、扑灭措施。

第三十三条　疫点、疫区、受威胁区的撤销和疫区封锁的解除，按照国务院兽医主管部门规定的标准和程序评估后，由原决定机关决定并宣布。

第三十四条　发生三类动物疫病时，当地县级、乡级人民政府应当按照国务院兽医主管部门的规定组织防治和净化。

第三十五条　二、三类动物疫病呈暴发性流行时，按照一类动物疫病处理。

第三十六条　为控制、扑灭动物疫病，动物卫生监督机构应当派人在当地依法设立的现有检查站执行监督检查任务；必要时，经省、自治区、直辖市人民政府批准，可以设立临时性的动物卫生监督检查站，执行监督检查任务。

第三十七条　发生人畜共患传染病时，卫生主管部门应当组织对疫区易感染的人群进行监测，并采取相应的预防、控制措施。

第三十八条　疫区内有关单位和个人，应当遵守县级以上人民政府及其兽医主管部门依法做出的有关控制、扑灭动物疫病的规定。

任何单位和个人不得藏匿、转移、盗掘已被依法隔离、封存、处理的动物和动物产品。

第三十九条　发生动物疫情时，航空、铁路、公路、水路等运输部门应当优先组织运送控制、扑灭疫病的人员和有关物资。

第四十条　一、二、三类动物疫病突然发生，迅速传播，给养殖业生产安全造成严重威胁、危害，以及可能对公众身体健康与生命安全造成危害，构成重大动物疫情的，依照法律和国务院的规定采取应急处理措施。

第五章　动物和动物产品的检疫

第四十一条　动物卫生监督机构依照本法和国务院兽医主管部门的规定对动物、动物产品实施检疫。

动物卫生监督机构的官方兽医具体实施动物、动物产品检疫。官方兽医应当具备规定的资格条件，取得国务院兽医主管部门颁发的资格证书，具体办法由国务院兽医主管部门会同国务院人事行政部门制定。

本法所称官方兽医，是指具备规定的资格条件并经兽医主管部门任命的，负责出具检疫等证明的国家兽医工作人员。

第四十二条　屠宰、出售或者运输动物以及出售或者运输动物产品前，货主应当按照国务院兽医主管部门的规定向当地动物卫生监督机构申报检疫。

动物卫生监督机构接到检疫申报后，应当及时指派官方兽医对动物、动物产品实施现场检疫；检疫合格的，出具检疫证明、加施检疫标志。实施现场检疫的官方兽医应当在检疫证明、检疫标志上签字或者盖章，并对检疫结论负责。

第四十三条　屠宰、经营、运输以及参加展览、演出和比赛的动物，应当附有检疫证明；经营和运输的动物产品，应当附有检疫证明、检疫标志。

对前款规定的动物、动物产品，动物卫生监督机构可以查验检疫证明、检疫标志，进行监督抽查，但不得重复检疫收费。

第四十四条　经铁路、公路、水路、航空运输动物和动物产品的，托运人托运时应当提供检疫证明；没有检疫证明的，承运人不得承运。

运载工具在装载前和卸载后应当及时清洗、消毒。

第四十五条　输入到无规定动物疫病区的动物、动物产品，货主应当按照国务院兽医主管部门的规定向无规定动物疫病区所

在地动物卫生监督机构申报检疫，经检疫合格的，方可进入；检疫所需费用纳入无规定动物疫病区所在地地方人民政府财政预算。

第四十六条　跨省、自治区、直辖市引进乳用动物、种用动物及其精液、胚胎、种蛋的，应当向输入地省、自治区、直辖市动物卫生监督机构申请办理审批手续，并依照本法第四十二条的规定取得检疫证明。

跨省、自治区、直辖市引进的乳用动物、种用动物到达输入地后，货主应当按照国务院兽医主管部门的规定对引进的乳用动物、种用动物进行隔离观察。

第四十七条　人工捕获的可能传播动物疫病的野生动物，应当报经捕获地动物卫生监督机构检疫，经检疫合格的，方可饲养、经营和运输。

第四十八条　经检疫不合格的动物、动物产品，货主应当在动物卫生监督机构监督下按照国务院兽医主管部门的规定处理，处理费用由货主承担。

第四十九条　依法进行检疫需要收取费用的，其项目和标准由国务院财政部门、物价主管部门规定。

第六章　动物诊疗

第五十条　从事动物诊疗活动的机构，应当具备下列条件：

（一）有与动物诊疗活动相适应并符合动物防疫条件的场所；

（二）有与动物诊疗活动相适应的执业兽医；

（三）有与动物诊疗活动相适应的兽医器械和设备；

（四）有完善的管理制度。

第五十一条　设立从事动物诊疗活动的机构，应当向县级以上地方人民政府兽医主管部门申请动物诊疗许可证。受理申请的兽医主管部门应当依照本法和《中华人民共和国行政许可法》的规定进行审查。经审查合格的，发给动物诊疗许可证；不合格的，应当通知申请人并说明理由。申请人凭动物诊疗许可证向工商行政管理部门申请办理登记注册手续，取得营业执照后，方可从事动物诊疗活动。

第五十二条　动物诊疗许可证应当载明诊疗机构名称、诊疗活动范围、从业地点和法定代表人（负责人）等事项。

动物诊疗许可证载明事项变更的，应当申请变更或者换发动物诊疗许可证，并依法办理工商变更登记手续。

第五十三条　动物诊疗机构应当按照国务院兽医主管部门的规定，做好诊疗活动中的卫生安全防护、消毒、隔离和诊疗废弃物处置等工作。

第五十四条　国家实行执业兽医资格考试制度。具有兽医相关专业大学专科以上学历的，可以申请参加执业兽医资格考试；考试合格的，由省、自治区、直辖市人民政府兽医主管部门颁发执业兽医资格证书；从事动物诊疗的，还应当向当地县级人民政府兽医主管部门申请注册。执业兽医资格考试和注册办法由国务院兽医主管部门商国务院人事行政部门制定。

本法所称执业兽医，是指从事动物诊疗和动物保健等经营活动的兽医。

第五十五条　经注册的执业兽医，方可从事动物诊疗、开具兽药处方等活动。但是，本法第五十七条对乡村兽医服务人员另有规定的，从其规定。

执业兽医、乡村兽医服务人员应当按照当地人民政府或者兽医主管部门的要求，参加预防、控制和扑灭动物疫病的活动。

第五十六条　从事动物诊疗活动，应当遵守有关动物诊疗的操作技术规范，使用符合国家规定的兽药和兽医器械。

第五十七条　乡村兽医服务人员可以在乡村从事动物诊疗服

务活动，具体管理办法由国务院兽医主管部门制定。

第七章　监督管理

第五十八条　动物卫生监督机构依照本法规定，对动物饲养、屠宰、经营、隔离、运输以及动物产品生产、经营、加工、贮藏、运输等活动中的动物防疫实施监督管理。

第五十九条　动物卫生监督机构执行监督检查任务，可以采取下列措施，有关单位和个人不得拒绝或者阻碍：

（一）对动物、动物产品按照规定采样、留验、抽检；

（二）对染疫或者疑似染疫的动物、动物产品及相关物品进行隔离、查封、扣押和处理；

（三）对依法应当检疫而未经检疫的动物实施补检；

（四）对依法应当检疫而未经检疫的动物产品，具备补检条件的实施补检，不具备补检条件的予以没收销毁；

（五）查验检疫证明、检疫标志和畜禽标识；

（六）进入有关场所调查取证，查阅、复制与动物防疫有关的资料。

动物卫生监督机构根据动物疫病预防、控制需要，经当地县级以上地方人民政府批准，可以在车站、港口、机场等相关场所派驻官方兽医。

第六十条　官方兽医执行动物防疫监督检查任务，应当出示行政执法证件，佩戴统一标志。

动物卫生监督机构及其工作人员不得从事与动物防疫有关的经营性活动，进行监督检查不得收取任何费用。

第六十一条　禁止转让、伪造或者变造检疫证明、检疫标志或者畜禽标识。

检疫证明、检疫标志的管理办法，由国务院兽医主管部门制定。

第八章　保障措施

第六十二条　县级以上人民政府应当将动物防疫纳入本级国民经济和社会发展规划及年度计划。

第六十三条　县级人民政府和乡级人民政府应当采取有效措施，加强村级防疫员队伍建设。

县级人民政府兽医主管部门可以根据动物防疫工作需要，向乡、镇或者特定区域派驻兽医机构。

第六十四条　县级以上人民政府按照本级政府职责，将动物疫病预防、控制、扑灭、检疫和监督管理所需经费纳入本级财政预算。

第六十五条　县级以上人民政府应当储备动物疫情应急处理工作所需的防疫物资。

第六十六条　对在动物疫病预防和控制、扑灭过程中强制扑杀的动物、销毁的动物产品和相关物品，县级以上人民政府应当给予补偿。具体补偿标准和办法由国务院财政部门会同有关部门制定。

因依法实施强制免疫造成动物应激死亡的，给予补偿。具体补偿标准和办法由国务院财政部门会同有关部门制定。

第六十七条　对从事动物疫病预防、检疫、监督检查、现场处理疫情以及在工作中接触动物疫病病原体的人员，有关单位应当按照国家规定采取有效的卫生防护措施和医疗保健措施。

第九章　法律责任

第六十八条　地方各级人民政府及其工作人员未依照本法规定履行职责的，对直接负责的主管人员和其他直接责任人员依法给予处分。

第六十九条　县级以上人民政府兽医主管部门及其工作人员

违反本法规定，有下列行为之一的，由本级人民政府责令改正，通报批评；对直接负责的主管人员和其他直接责任人员依法给予处分：

（一）未及时采取预防、控制、扑灭等措施的；

（二）对不符合条件的颁发动物防疫条件合格证、动物诊疗许可证，或者对符合条件的拒不颁发动物防疫条件合格证、动物诊疗许可证的；

（三）其他未依照本法规定履行职责的行为。

第七十条　动物卫生监督机构及其工作人员违反本法规定，有下列行为之一的，由本级人民政府或者兽医主管部门责令改正，通报批评；对直接负责的主管人员和其他直接责任人员依法给予处分：

（一）对未经现场检疫或者检疫不合格的动物、动物产品出具检疫证明、加施检疫标志，或者对检疫合格的动物、动物产品拒不出具检疫证明、加施检疫标志的；

（二）对附有检疫证明、检疫标志的动物、动物产品重复检疫的；

（三）从事与动物防疫有关的经营性活动，或者在国务院财政部门、物价主管部门规定外加收费用、重复收费的；

（四）其他未依照本法规定履行职责的行为。

第七十一条　动物疫病预防控制机构及其工作人员违反本法规定，有下列行为之一的，由本级人民政府或者兽医主管部门责令改正，通报批评；对直接负责的主管人员和其他直接责任人员依法给予处分：

（一）未履行动物疫病监测、检测职责或者伪造监测、检测结果的；

（二）发生动物疫情时未及时进行诊断、调查的；

（三）其他未依照本法规定履行职责的行为。

第七十二条　地方各级人民政府、有关部门及其工作人员瞒报、谎报、迟报、漏报或者授意他人瞒报、谎报、迟报动物疫情，或者阻碍他人报告动物疫情的，由上级人民政府或者有关部门责令改正，通报批评；对直接负责的主管人员和其他直接责任人员依法给予处分。

第七十三条　违反本法规定，有下列行为之一的，由动物卫生监督机构责令改正，给予警告；拒不改正的，由动物卫生监督机构代作处理，所需处理费用由违法行为人承担，可以处一千元以下罚款：

（一）对饲养的动物不按照动物疫病强制免疫计划进行免疫接种的；

（二）种用、乳用动物未经检测或者经检测不合格而不按照规定处理的；

（三）动物、动物产品的运载工具在装载前和卸载后没有及时清洗、消毒的。

第七十四条　违反本法规定，对经强制免疫的动物未按照国务院兽医主管部门规定建立免疫档案、加施畜禽标识的，依照《中华人民共和国畜牧法》的有关规定处罚。

第七十五条　违反本法规定，不按照国务院兽医主管部门规定处置染疫动物及其排泄物，染疫动物产品，病死或者死因不明的动物尸体，运载工具中的动物排泄物以及垫料、包装物、容器等污染物以及其他经检疫不合格的动物、动物产品的，由动物卫生监督机构责令无害化处理，所需处理费用由违法行为人承担，可以处三千元以下罚款。

第七十六条　违反本法第二十五条规定，屠宰、经营、运输动物或者生产、经营、加工、贮藏、运输动物产品的，由动物卫生监督机构责令改正、采取补救措施，没收违法所得和动物、动物产品，并处同类检疫合格动物、动物产品货值金额一倍以上五

倍以下罚款；其中依法应当检疫而未检疫的，依照本法第七十八条的规定处罚。

第七十七条　违反本法规定，有下列行为之一的，由动物卫生监督机构责令改正，处一千元以上一万元以下罚款；情节严重的，处一万元以上十万元以下罚款：

（一）兴办动物饲养场（养殖小区）和隔离场所，动物屠宰加工场所，以及动物和动物产品无害化处理场所，未取得动物防疫条件合格证的；

（二）未办理审批手续，跨省、自治区、直辖市引进乳用动物、种用动物及其精液、胚胎、种蛋的；

（三）未经检疫，向无规定动物疫病区输入动物、动物产品的。

第七十八条　违反本法规定，屠宰、经营、运输的动物未附有检疫证明，经营和运输的动物产品未附有检疫证明、检疫标志的，由动物卫生监督机构责令改正，处同类检疫合格动物、动物产品货值金额百分之十以上百分之五十以下罚款；对货主以外的承运人处运输费用一倍以上三倍以下罚款。

违反本法规定，参加展览、演出和比赛的动物未附有检疫证明的，由动物卫生监督机构责令改正，处一千元以上三千元以下罚款。

第七十九条　违反本法规定，转让、伪造或者变造检疫证明、检疫标志或者畜禽标识的，由动物卫生监督机构没收违法所得，收缴检疫证明、检疫标志或者畜禽标识，并处三千元以上三万元以下罚款。

第八十条　违反本法规定，有下列行为之一的，由动物卫生监督机构责令改正，处一千元以上一万元以下罚款：

（一）不遵守县级以上人民政府及其兽医主管部门依法做出的有关控制、扑灭动物疫病规定的；

（二）藏匿、转移、盗掘已被依法隔离、封存、处理的动物和动物产品的；

（三）发布动物疫情的。

第八十一条　违反本法规定，未取得动物诊疗许可证从事动物诊疗活动的，由动物卫生监督机构责令停止诊疗活动，没收违法所得；违法所得在三万元以上的，并处违法所得一倍以上三倍以下罚款；没有违法所得或者违法所得不足三万元的，并处三千元以上三万元以下罚款。

动物诊疗机构违反本法规定，造成动物疫病扩散的，由动物卫生监督机构责令改正，处一万元以上五万元以下罚款；情节严重的，由发证机关吊销动物诊疗许可证。

第八十二条　违反本法规定，未经兽医执业注册从事动物诊疗活动的，由动物卫生监督机构责令停止动物诊疗活动，没收违法所得，并处一千元以上一万元以下罚款。

执业兽医有下列行为之一的，由动物卫生监督机构给予警告，责令暂停六个月以上一年以下动物诊疗活动；情节严重的，由发证机关吊销注册证书：

（一）违反有关动物诊疗的操作技术规范，造成或者可能造成动物疫病传播、流行的；

（二）使用不符合国家规定的兽药和兽医器械的；

（三）不按照当地人民政府或者兽医主管部门要求参加动物疫病预防、控制和扑灭活动的。

第八十三条　违反本法规定，从事动物疫病研究与诊疗和动物饲养、屠宰、经营、隔离、运输，以及动物产品生产、经营、加工、贮藏等活动的单位和个人，有下列行为之一的，由动物卫生监督机构责令改正；拒不改正的，对违法行为单位处一千元以上一万元以下罚款，对违法行为个人可以处五百元以下罚款：

（一）不履行动物疫情报告义务的；

（二）不如实提供与动物防疫活动有关资料的；

（三）拒绝动物卫生监督机构进行监督检查的；

（四）拒绝动物疫病预防控制机构进行动物疫病监测、检测的。

第八十四条　违反本法规定，构成犯罪的，依法追究刑事责任。

违反本法规定，导致动物疫病传播、流行等，给他人人身、财产造成损害的，依法承担民事责任。

第十章　附则

第八十五条　本法自 2008 年 1 月 1 日起施行。

附录 2　畜禽规模养殖污染防治条例

中华人民共和国国务院令　第 643 号

《畜禽规模养殖污染防治条例》已经 2013 年 10 月 8 日国务院第 26 次常务会议通过，现予公布，自 2014 年 1 月 1 日起施行。

总理　李克强

2013 年 11 月 11 日

畜禽规模养殖污染防治条例

第一章　总　则

第一条　为了防治畜禽养殖污染，推进畜禽养殖废弃物的综合利用和无害化处理，保护和改善环境，保障公众身体健康，促进畜牧业持续健康发展，制定本条例。

第二条　本条例适用于畜禽养殖场、养殖小区的养殖污染防治。畜禽养殖场、养殖小区的规模标准根据畜牧业发展状况和畜禽养殖污染防治要求确定。

牧区放牧养殖污染防治，不适用本条例。

第三条　畜禽养殖污染防治，应当统筹考虑保护环境与促进畜牧业发展的需要，坚持预防为主、防治结合的原则，实行统筹规划、合理布局、综合利用、激励引导。

第四条　各级人民政府应当加强对畜禽养殖污染防治工作的组织领导，采取有效措施，加大资金投入，扶持畜禽养殖污染防治以及畜禽养殖废弃物综合利用。

第五条　县级以上人民政府环境保护主管部门负责畜禽养殖

污染防治的统一监督管理。

县级以上人民政府农牧主管部门负责畜禽养殖废弃物综合利用的指导和服务。

县级以上人民政府循环经济发展综合管理部门负责畜禽养殖循环经济工作的组织协调。

县级以上人民政府其他有关部门依照本条例规定和各自职责，负责畜禽养殖污染防治相关工作。

乡镇人民政府应当协助有关部门做好本行政区域的畜禽养殖污染防治工作。

第六条　从事畜禽养殖以及畜禽养殖废弃物综合利用和无害化处理活动，应当符合国家有关畜禽养殖污染防治的要求，并依法接受有关主管部门的监督检查。

第七条　国家鼓励和支持畜禽养殖污染防治以及畜禽养殖废弃物综合利用和无害化处理的科学技术研究和装备研发。各级人民政府应当支持先进适用技术的推广，促进畜禽养殖污染防治水平的提高。

第八条　任何单位和个人对违反本条例规定的行为，有权向县级以上人民政府环境保护等有关部门举报。接到举报的部门应当及时调查处理。

对在畜禽养殖污染防治中做出突出贡献的单位和个人，按照国家有关规定给予表彰和奖励。

第二章　预　　防

第九条　县级以上人民政府农牧主管部门编制畜牧业发展规划，报本级人民政府或者其授权的部门批准实施。畜牧业发展规划应当统筹考虑环境承载能力以及畜禽养殖污染防治要求，合理布局，科学确定畜禽养殖的品种、规模、总量。

第十条　县级以上人民政府环境保护主管部门会同农牧主管

部门编制畜禽养殖污染防治规划，报本级人民政府或者其授权的部门批准实施。畜禽养殖污染防治规划应当与畜牧业发展规划相衔接，统筹考虑畜禽养殖生产布局，明确畜禽养殖污染防治目标、任务、重点区域，明确污染治理重点设施建设，以及废弃物综合利用等污染防治措施。

第十一条　禁止在下列区域内建设畜禽养殖场、养殖小区：

（一）饮用水水源保护区，风景名胜区；

（二）自然保护区的核心区和缓冲区；

（三）城镇居民区、文化教育科学研究区等人口集中区域；

（四）法律、法规规定的其他禁止养殖区域。

第十二条　新建、改建、扩建畜禽养殖场、养殖小区，应当符合畜牧业发展规划、畜禽养殖污染防治规划，满足动物防疫条件，并进行环境影响评价。对环境可能造成重大影响的大型畜禽养殖场、养殖小区，应当编制环境影响报告书；其他畜禽养殖场、养殖小区应当填报环境影响登记表。大型畜禽养殖场、养殖小区的管理目录，由国务院环境保护主管部门商国务院农牧主管部门确定。

环境影响评价的重点应当包括：畜禽养殖产生的废弃物种类和数量，废弃物综合利用和无害化处理方案和措施，废弃物的消纳和处理情况以及向环境直接排放的情况，最终可能对水体、土壤等环境和人体健康产生的影响以及控制和减少影响的方案和措施等。

第十三条　畜禽养殖场、养殖小区应当根据养殖规模和污染防治需要，建设相应的畜禽粪便、污水与雨水分流设施，畜禽粪便、污水的贮存设施，粪污厌氧消化和堆沤、有机肥加工、制取沼气、沼渣沼液分离和输送、污水处理、畜禽尸体处理等综合利用和无害化处理设施。已经委托他人对畜禽养殖废弃物代为综合利用和无害化处理的，可以不自行建设综合利用和无害化处理

设施。

未建设污染防治配套设施、自行建设的配套设施不合格，或者未委托他人对畜禽养殖废弃物进行综合利用和无害化处理的，畜禽养殖场、养殖小区不得投入生产或者使用。

畜禽养殖场、养殖小区自行建设污染防治配套设施的，应当确保其正常运行。

第十四条　从事畜禽养殖活动，应当采取科学的饲养方式和废弃物处理工艺等有效措施，减少畜禽养殖废弃物的产生量和向环境的排放量。

第三章　综合利用与治理

第十五条　国家鼓励和支持采取粪肥还田、制取沼气、制造有机肥等方法，对畜禽养殖废弃物进行综合利用。

第十六条　国家鼓励和支持采取种植和养殖相结合的方式消纳利用畜禽养殖废弃物，促进畜禽粪便、污水等废弃物就地就近利用。

第十七条　国家鼓励和支持沼气制取、有机肥生产等废弃物综合利用以及沼渣沼液输送和施用、沼气发电等相关配套设施建设。

第十八条　将畜禽粪便、污水、沼渣、沼液等用作肥料的，应当与土地的消纳能力相适应，并采取有效措施，消除可能引起传染病的微生物，防止污染环境和传播疫病。

第十九条　从事畜禽养殖活动和畜禽养殖废弃物处理活动，应当及时对畜禽粪便、畜禽尸体、污水等进行收集、贮存、清运，防止恶臭和畜禽养殖废弃物渗出、泄漏。

第二十条　向环境排放经过处理的畜禽养殖废弃物，应当符合国家和地方规定的污染物排放标准和总量控制指标。畜禽养殖废弃物未经处理，不得直接向环境排放。

第二十一条　染疫畜禽以及染疫畜禽排泄物、染疫畜禽产品、病死或者死因不明的畜禽尸体等病害畜禽养殖废弃物，应当按照有关法律、法规和国务院农牧主管部门的规定，进行深埋、化制、焚烧等无害化处理，不得随意处置。

第二十二条　畜禽养殖场、养殖小区应当定期将畜禽养殖品种、规模以及畜禽养殖废弃物的产生、排放和综合利用等情况，报县级人民政府环境保护主管部门备案。环境保护主管部门应当定期将备案情况抄送同级农牧主管部门。

第二十三条　县级以上人民政府环境保护主管部门应当依据职责对畜禽养殖污染防治情况进行监督检查，并加强对畜禽养殖环境污染的监测。

乡镇人民政府、基层群众自治组织发现畜禽养殖环境污染行为的，应当及时制止和报告。

第二十四条　对污染严重的畜禽养殖密集区域，市、县人民政府应当制定综合整治方案，采取组织建设畜禽养殖废弃物综合利用和无害化处理设施、有计划搬迁或者关闭畜禽养殖场所等措施，对畜禽养殖污染进行治理。

第二十五条　因畜牧业发展规划、土地利用总体规划、城乡规划调整以及划定禁止养殖区域，或者因对污染严重的畜禽养殖密集区域进行综合整治，确需关闭或者搬迁现有畜禽养殖场所，致使畜禽养殖者遭受经济损失的，由县级以上地方人民政府依法予以补偿。

第四章　激励措施

第二十六条　县级以上人民政府应当采取示范奖励等措施，扶持规模化、标准化畜禽养殖，支持畜禽养殖场、养殖小区进行标准化改造和污染防治设施建设与改造，鼓励分散饲养向集约饲养方式转变。

第二十七条　县级以上地方人民政府在组织编制土地利用总体规划过程中，应当统筹安排，将规模化畜禽养殖用地纳入规划，落实养殖用地。

国家鼓励利用废弃地和荒山、荒沟、荒丘、荒滩等未利用地开展规模化、标准化畜禽养殖。

畜禽养殖用地按农用地管理，并按照国家有关规定确定生产设施用地和必要的污染防治等附属设施用地。

第二十八条　建设和改造畜禽养殖污染防治设施，可以按照国家规定申请包括污染治理贷款贴息补助在内的环境保护等相关资金支持。

第二十九条　进行畜禽养殖污染防治，从事利用畜禽养殖废弃物进行有机肥产品生产经营等畜禽养殖废弃物综合利用活动的，享受国家规定的相关税收优惠政策。

第三十条　利用畜禽养殖废弃物生产有机肥产品的，享受国家关于化肥运力安排等支持政策；购买使用有机肥产品的，享受不低于国家关于化肥的使用补贴等优惠政策。

畜禽养殖场、养殖小区的畜禽养殖污染防治设施运行用电执行农业用电价格。

第三十一条　国家鼓励和支持利用畜禽养殖废弃物进行沼气发电，自发自用、多余电量接入电网。电网企业应当依照法律和国家有关规定为沼气发电提供无歧视的电网接入服务，并全额收购其电网覆盖范围内符合并网技术标准的多余电量。

利用畜禽养殖废弃物进行沼气发电的，依法享受国家规定的上网电价优惠政策。利用畜禽养殖废弃物制取沼气或进而制取天然气的，依法享受新能源优惠政策。

第三十二条　地方各级人民政府可以根据本地区实际，对畜禽养殖场、养殖小区支出的建设项目环境影响咨询费用给予补助。

第三十三条　国家鼓励和支持对染疫畜禽、病死或者死因不明畜禽尸体进行集中无害化处理，并按照国家有关规定对处理费用、养殖损失给予适当补助。

第三十四条　畜禽养殖场、养殖小区排放污染物符合国家和地方规定的污染物排放标准和总量控制指标，自愿与环境保护主管部门签订进一步削减污染物排放量协议的，由县级人民政府按照国家有关规定给予奖励，并优先列入县级以上人民政府安排的环境保护和畜禽养殖发展相关财政资金扶持范围。

第三十五条　畜禽养殖户自愿建设综合利用和无害化处理设施、采取措施减少污染物排放的，可以依照本条例规定享受相关激励和扶持政策。

第五章　法律责任

第三十六条　各级人民政府环境保护主管部门、农牧主管部门以及其他有关部门未依照本条例规定履行职责的，对直接负责的主管人员和其他直接责任人员依法给予处分；直接负责的主管人员和其他直接责任人员构成犯罪的，依法追究刑事责任。

第三十七条　违反本条例规定，在禁止养殖区域内建设畜禽养殖场、养殖小区的，由县级以上地方人民政府环境保护主管部门责令停止违法行为；拒不停止违法行为的，处3万元以上10万元以下的罚款，并报县级以上人民政府责令拆除或者关闭。在饮用水水源保护区建设畜禽养殖场、养殖小区的，由县级以上地方人民政府环境保护主管部门责令停止违法行为，处10万元以上50万元以下的罚款，并报经有批准权的人民政府批准，责令拆除或者关闭。

第三十八条　违反本条例规定，畜禽养殖场、养殖小区依法应当进行环境影响评价而未进行的，由有权审批该项目环境影响评价文件的环境保护主管部门责令停止建设，限期补办手续；逾

期不补办手续的，处5万元以上20万元以下的罚款。

第三十九条　违反本条例规定，未建设污染防治配套设施或者自行建设的配套设施不合格，也未委托他人对畜禽养殖废弃物进行综合利用和无害化处理，畜禽养殖场、养殖小区即投入生产、使用，或者建设的污染防治配套设施未正常运行的，由县级以上人民政府环境保护主管部门责令停止生产或者使用，可以处10万元以下的罚款。

第四十条　违反本条例规定，有下列行为之一的，由县级以上地方人民政府环境保护主管部门责令停止违法行为，限期采取治理措施消除污染，依照《中华人民共和国水污染防治法》《中华人民共和国固体废物污染环境防治法》的有关规定予以处罚：

（一）将畜禽养殖废弃物用作肥料，超出土地消纳能力，造成环境污染的；

（二）从事畜禽养殖活动或者畜禽养殖废弃物处理活动，未采取有效措施，导致畜禽养殖废弃物渗出、泄漏的。

第四十一条　排放畜禽养殖废弃物不符合国家或者地方规定的污染物排放标准或者总量控制指标，或者未经无害化处理直接向环境排放畜禽养殖废弃物的，由县级以上地方人民政府环境保护主管部门责令限期治理，可以处5万元以下的罚款。县级以上地方人民政府环境保护主管部门做出限期治理决定后，应当会同同级人民政府农牧等有关部门对整改措施的落实情况及时进行核查，并向社会公布核查结果。

第四十二条　未按照规定对染疫畜禽和病害畜禽养殖废弃物进行无害化处理的，由动物卫生监督机构责令无害化处理，所需处理费用由违法行为人承担，可以处3000元以下的罚款。

第六章　附　　则

第四十三条　畜禽养殖场、养殖小区的具体规模标准由省级

人民政府确定，并报国务院环境保护主管部门和国务院农牧主管部门备案。

第四十四条　本条例自 2014 年 1 月 1 日起施行。

附录3　国务院办公厅关于建立病死畜禽无害化处理机制的意见

发文单位：国务院办公厅

文号：国办发〔2014〕47号

各省、自治区、直辖市人民政府，国务院各部委、各直属机构：

我国家畜家禽饲养数量多，规模化养殖程度不高，病死畜禽数量较大，无害化处理水平偏低，随意处置现象时有发生。为全面推进病死畜禽无害化处理，保障食品安全和生态环境安全，促进养殖业健康发展，经国务院同意，现就建立病死畜禽无害化处理机制提出以下意见。

一、总体思路

按照推进生态文明建设的总体要求，以及时处理、清洁环保、合理利用为目标，坚持统筹规划与属地负责相结合、政府监管与市场运作相结合、财政补助与保险联动相结合、集中处理与自行处理相结合，尽快建成覆盖饲养、屠宰、经营、运输等各环节的病死畜禽无害化处理体系，构建科学完备、运转高效的病死畜禽无害化处理机制。

二、强化生产经营者主体责任

从事畜禽饲养、屠宰、经营、运输的单位和个人是病死畜禽无害化处理的第一责任人，负有对病死畜禽及时进行无害化处理并向当地畜牧兽医部门报告畜禽死亡及处理情况的义务。鼓励大型养殖场、屠宰场建设病死畜禽无害化处理设施，并可以接受委托，有偿对地方人民政府组织收集及其他生产经营者的病死畜禽进行无害化处理。对零星病死畜禽自行处理的，各地要制定处理

规范，确保清洁安全、不污染环境。任何单位和个人不得抛弃、收购、贩卖、屠宰、加工病死畜禽。

三、落实属地管理责任

地方各级人民政府对本地区病死畜禽无害化处理负总责。在江河、湖泊、水库等水域发现的病死畜禽，由所在地县级政府组织收集处理；在城市公共场所以及乡村发现的病死畜禽，由所在地街道办事处或乡镇政府组织收集处理。在收集处理同时，要及时组织力量调查病死畜禽来源，并向上级政府报告。跨省际流入的病死畜禽，由农业部会同有关地方和部门组织调查；省域内跨市（地）、县（市）流入的，由省级政府责令有关地方和部门调查。在完成调查并按法定程序做出处理决定后，要及时将调查结果和对生产经营者、监管部门及地方政府的处理意见向社会公布。重要情况及时向国务院报告。

四、加强无害化处理体系建设

县级以上地方人民政府要根据本地区畜禽养殖、疫病发生和畜禽死亡等情况，统筹规划和合理布局病死畜禽无害化收集处理体系，组织建设覆盖饲养、屠宰、经营、运输等各环节的病死畜禽无害化处理场所，处理场所的设计处理能力应高于日常病死畜禽处理量。要依托养殖场、屠宰场、专业合作组织和乡镇畜牧兽医站等建设病死畜禽收集网点、暂存设施，并配备必要的运输工具。鼓励跨行政区域建设病死畜禽专业无害化处理场。处理设施应优先采用化制、发酵等既能实现无害化处理又能资源化利用的工艺技术。支持研究新型、高效、环保的无害化处理技术和装备。有条件的地方也可在完善防疫设施的基础上，利用现有医疗垃圾处理厂等对病死畜禽进行无害化处理。

五、完善配套保障政策

按照“谁处理、补给谁”的原则，建立与养殖量、无害化

处理率相挂钩的财政补助机制。各地区要综合考虑病死畜禽收集成本、设施建设成本和实际处理成本等因素，制定财政补助、收费等政策，确保无害化处理场所能够实现正常运营。将病死猪无害化处理补助范围由规模养殖场（区）扩大到生猪散养户。无害化处理设施建设用地要按照土地管理法律法规的规定，优先予以保障。无害化处理设施设备可以纳入农机购置补贴范围。从事病死畜禽无害化处理的，按规定享受国家有关税收优惠。将病死畜禽无害化处理作为保险理赔的前提条件，不能确认无害化处理的，保险机构不予赔偿。

六、加强宣传教育

各地区、各有关部门要向广大群众普及科学养殖和防疫知识，增强消费者的识别能力，宣传病死畜禽无害化处理的重要性和病死畜禽产品的危害性。要建立健全监督举报机制，鼓励群众和媒体对抛弃、收购、贩卖、屠宰、加工病死畜禽等违法行为进行监督和举报。

七、严厉打击违法犯罪行为

各地区、各有关部门要按照动物防疫法、食品安全法、畜禽规模养殖污染防治条例等法律法规，严肃查处随意抛弃病死畜禽、加工制售病死畜禽产品等违法犯罪行为。农业、食品监管等部门在调查抛弃、收购、贩卖、屠宰、加工病死畜禽案件时，要严格依照法定程序进行。加强行政执法与刑事司法的衔接，对涉嫌构成犯罪、依法需要追究刑事责任的，要及时移送公安机关，公安机关应依法立案侦查。对公安机关查扣的病死畜禽及其产品，在固定证据后，有关部门应及时组织做好无害化处理工作。

八、加强组织领导

地方各级人民政府要加强组织领导和统筹协调，明确各环节的监管部门，建立区域和部门联防联动机制，落实各项保障条件。切实加强基层监管力量，提升监管人员素质和执法水平。建立责任追究制，严肃追究失职渎职工作人员责任。各地区、各有关部门要及时研究解决工作中出现的新问题，确保病死畜禽无害化处理的各项要求落到实处。

国务院办公厅

2014 年 10 月 20 日